UN EFFORT A FAIRE

LES INDUSTRIES CHIMIQUES

EN FRANCE ET EN ALLEMAGNE

CONSIDÉRATIONS SUR LEUR DÉVELOPPEMENT PARTICULIER

DEUXIÈME SÉRIE

DISTILLATION DE LA HOUILLE — DÉRIVÉS DU GOUDRON DE HOUILLE
MATIÈRES COLORANTES — PRODUITS PHARMACEUTIQUES
PARFUMS ARTIFICIELS — EXPLOSIFS NITRÉS — ENGRAIS AZOTÉS, ETC.

CONFÉRENCES FAITES PAR M. FLEURENT
PROFESSEUR DE CHIMIE INDUSTRIELLE

AVEC 4 PLANCHES HORS TEXTE

BERGER-LEVRAULT, LIBRAIRES-ÉDITEURS

PARIS
5-7, RUE DES BEAUX-ARTS

NANCY
RUE DES GLACIS, 18

1916

Prix : 2 francs.

UN EFFORT A FAIRE

LES

INDUSTRIES CHIMIQUES

EN FRANCE ET EN ALLEMAGNE

CONSERVATOIRE NATIONAL DES ARTS ET MÉTIERS

UN EFFORT A FAIRE

LES INDUSTRIES CHIMIQUES

EN FRANCE ET EN ALLEMAGNE

CONSIDÉRATIONS SUR LEUR DÉVELOPPEMENT PARTICULIER

DEUXIÈME SÉRIE

DISTILLATION DE LA HOUILLE — DÉRIVÉS DU GOUDRON DE HOUILLE
MATIÈRES COLORANTES — PRODUITS PHARMACEUTIQUES
PARFUMS ARTIFICIELS — EXPLOSIFS NITRÉS — ENGRAIS AZOTÉS, ETC.

CONFÉRENCES FAITES PAR M. FLEURENT

PROFESSEUR DE CHIMIE INDUSTRIELLE

AVEC 4 PLANCHES HORS TEXTE

BERGER-LEVRAULT, LIBRAIRES-ÉDITEURS

PARIS	NANCY
5-7, RUE DES BEAUX-ARTS	RUE DES GLACIS, 18

1916

LES

INDUSTRIES CHIMIQUES

EN FRANCE ET EN ALLEMAGNE

PREMIÈRE CONFÉRENCE [1]

La prolongation de la guerre : son influence sur l'organisation des industries chimiques. — La distillation de la houille en France et en Allemagne. — Sa répercussion sur la fabrication des explosifs de guerre et sur les industries qui utilisent comme matières premières les carbures du goudron. — Origines de la fabrication française des matières colorantes.

MESDAMES, MESSIEURS,

Neuf mois se sont écoulés depuis notre dernier entretien du 8 mars 1915; je le terminais en disant : « Quand, plus tard, on pourra mesurer le concours que la puissance de son industrie et de son commerce a donné à l'Allemagne durant la guerre, non seulement pour augmenter ses moyens de défense intérieure, mais aussi par la

(1) Conférence faite au Conservatoire national des Arts et Métiers, le jeudi 9 décembre 1915.

crainte qu'elle a fait régner sur les États neutres, on mesurera mieux la faute que nous avons commise de ne pas pouvoir, au jour du rendez-vous et sur le même terrain, lui opposer les mêmes organes de résistance. »

Cette phrase, vous le savez maintenant, contient toutes les causes de la prolongation de la guerre et si j'éprouve, en face des maux que subissent la France et ses alliés, la peine d'avoir été si bon prophète, je vous avoue néanmoins que la réalité a tout de même jusqu'à un certain point dépassé mes prévisions. Cependant, tout compte fait, cela n'a rien de surprenant. En face de la consommation formidable d'engins de toutes sortes que réclame la bataille, la guerre a évolué logiquement vers la forme industrielle pour laquelle l'Allemagne était toute préparée, tandis que, il faut bien le reconnaître, elle prenait notre administration militaire complètement au dépourvu.

Adapter nos méthodes individualistes à ce système nouveau, se procurer des matières premières par tous les moyens, créer des fabrications et les augmenter rapidement, y façonner la main-d'œuvre pour obtenir un bon rendement, tout cela ne s'improvise pas en un jour ni même en quelques mois, surtout lorsqu'il faut compter avec une bureaucratie puissante rivée à ses habitudes de routine.

Tel fut cependant notre lot, bien différent, vous le comprenez, de celui de l'Allemagne dont l'organisation industrielle pouvait immédiatement venir à l'appui de la force militaire. Et ce sera l'éternel orgueil de notre race d'avoir produit des soldats dont la bravoure a permis à la nation de rétablir peu à peu l'équilibre sur ce terrain, non seulement en fixant l'ennemi dans les trous où il s'est terré depuis sa défaite de la Marne, mais aussi en exerçant sur lui cette pression continuelle qui est le prélude de la victoire finale. (*Applaudissements.*) Car pour tous ceux qui ne jugent que d'après des réalités tangibles, l'idée de la victoire continue à acquérir une certitude de plus en plus grande.

Pour faire la guerre, trois facteurs sont indispensables : l'argent, le matériel et les hommes.

Jusqu'ici, en face des nations alliées très insuffisamment préparées pour la bataille, l'ensemble de ces trois facteurs se complétant mutuellement, a pu permettre à l'Allemagne de faire face à ses adversaires, disons même victorieusement. Mais le fait que, malgré tous ses efforts, elle n'a pu obtenir sur aucun front une décision militaire définitive, fixe désormais le sort qui sera le sien.

En effet, le répit obtenu permet aux nations de la Quadruple Entente, après l'avoir organisé, de développer leur effort industriel et d'augmenter sans cesse, grâce à leurs ressources propres et à celles que leur donne le maintien de leurs relations avec l'extérieur, la puissance de leur matériel de guerre. En supposant même — ce qui n'est pas — que, grâce à son ingéniosité, aux ressources minières dont elle dispose, à la contrebande, au fait que, dépensant chez elle la plus grande partie de son argent, son crédit ne diminue que lentement, l'Allemagne puisse maintenir sur le pied d'égalité cette puissance d'armement en conservant dans ses usines tous les ouvriers nécessaires, le facteur hommes restera toujours la supériorité des Alliés. Et comme la puissance matérielle sans l'homme qui la met en mouvement, n'existe pas, il s'ensuit d'une façon inéluctable que la patience dans le travail restant la vertu indispensable à la lutte, nous verrons le jour, que je souhaite aussi rapproché que possible, où l'Allemagne sera obligée de se rendre à merci.

C'est parce que, malgré les tergiversations de cette année, je reste, comme l'année dernière, convaincu de la solution heureuse qui nous attend, que je songe que nous ne devons pas retomber dans les fautes que cette terrible guerre nous a permis de déterminer. C'est maintenant que nous devons commencer la réalisation du programme industriel et commercial qui doit au point de vue économique — comme je vous le disais déjà l'année dernière — nous placer aussi haut dans le monde qu'au point de vue moral et nous permettre en même temps, en créant de la richesse, de réparer les désastres intérieurs de toute nature que la guerre va laisser derrière elle.

Ce programme, dans mes trois conférences précédentes, je vous l'ai tracé d'une manière générale : développement de l'enseignement scientifique et pratique dans toutes nos écoles, relations constantes entre les laboratoires de recherches et l'industrie, organisation scientifique des usines par l'utilisation raisonnée des chimistes nécessaires, extension générale des cours professionnels et d'apprentissage, mesures législatives rénovant nos vieilles lois sur la protection de la propriété industrielle et la création des manufactures, réorganisation du crédit permettant de faire participer l'épargne française à l'expansion industrielle et commerciale de la nation, tel était dans ses grandes lignes le plan directeur que l'examen comparatif du développement des industries chimiques en France et en Allemagne m'avait permis de tracer.

Puisque la prolongation de la guerre nous le permet, il n'est pas inutile de reprendre quelques-uns de ces articles généraux pour les compléter par quelques vues de détail qui m'aideront à vous montrer comment l'Allemagne, soit par la méthode scientifique qui lui est propre, soit par son esprit pratique, s'est ingéniée à développer son commerce en augmentant sa production et en profitant de nos faiblesses pour écouler ses produits sur notre marché.

Cet examen spécial, en prenant comme exemple quelques industries des plus récentes, nous fera toucher du doigt certaines imperfections de notre manière de faire et aussi de notre régime économique, et chercher les moyens d'y remédier pour l'avenir. Aussi bien, les résultats qui se réalisent sous nos yeux à propos des industries de la guerre, montrent avec quelle souplesse notre génie créateur sait, quand il le veut, se discipliner et faire face aux difficultés.

Certes, il est permis à tous ceux qui ont suivi ce mouvement, de penser qu'il eût été plus facile, après la victoire de la Marne, en employant de suite la méthode industrielle, de mieux coordonner les bonnes volontés pour obtenir des résultats plus rapides. Mais, si désordonné qu'ait été ce mouvement, les initiatives qu'il a mises en route ont produit des résultats qui peuvent, pour un certain nombre, servir de base aux travaux futurs. Les besoins de la défense nationale, au surplus, ont réveillé chez nous un certain esprit d'entreprise qu'il y a lieu d'alimenter et qui, il faut l'espérer, se développera en raison même des conquêtes qu'il a entrevues durant la bataille et que le prestige de la victoire lui permettra de réaliser à l'abri des conditions nouvelles dont les vaincus, comme sanction de leur orgueil et de leur brutalité, devront faire tous les frais.

Mettons-nous donc à l'œuvre en examinant, dans leurs grandes lignes et surtout au point de vue économique, les industries diverses qui peuvent le mieux servir de type à la méthode allemande et dont, en ces derniers temps, elle a fait la base d'une part importante de sa richesse manufacturière.

Ce sera d'abord l'industrie du goudron de houille dans ses rapports avec la production des matières colorantes, des produits pharmaceutiques, des parfums artificiels et des explosifs. La fabrication des explosifs se relie elle-même à la production de l'acide nitrique, c'est ce qu'on pourrait appeler la chimie de l'azote et en particulier l'industrie de l'azote pendant la guerre.

A ce compartiment vient tout naturellement s'ajouter celui des engrais azotés dont l'azote a la même origine, le tout formant aujourd'hui un ensemble dont l'importance, déjà signalée avant la guerre, ne pourra que grandir avec les bienfaits de la paix.

Cet examen spécial terminé, nous en tirerons à notre profit et à certains points de vue, des conclusions générales qui, j'en suis sûr, ne manqueront pas de vous intéresser.

Commençons par l'étude de la production du goudron de houille.

La production du goudron est liée à la distillation de la houille en vase clos, telle que nous essayons de la pratiquer dans ce petit creuset de platine où nous avons logé quelques grammes de charbon de terre. Aussitôt que nous appliquons la chaleur, nous voyons se dégager, par le petit tube qui termine le couvercle du creuset, des vapeurs lourdes qui s'enflamment aussitôt que nous approchons une flamme. Elles vont continuer à se dégager et à brûler jusqu'au moment où toutes les matières volatiles contenues dans le charbon auront disparu.

Si nous examinons de plus près les qualités de ces matières volatiles, nous reconnaissons qu'on peut les diviser en deux catégories : les unes peuvent prendre l'état liquide par refroidissement, se condenser, comme on dit ; elles sont constituées principalement par les goudrons et les eaux ammoniacales ; les autres continuent à conserver l'état gazeux et elles constituent, après des purifications successives, le gaz d'éclairage et de chauffage. Lorsque les matières volatiles ont disparu, il ne reste plus dans le creuset que le coke.

La distillation de la houille peut être envisagée à deux points de vue industriels : le premier peut avoir pour but de fournir surtout du gaz d'éclairage et de chauffage, le second la production du coke métallurgique, c'est-à-dire du coke destiné au traitement des minerais de fer.

La séparation, dans l'industrie du gaz, du goudron et des eaux ammoniacales est absolument indispensable. En effet, si cette séparation n'avait pas lieu, nous verrions le goudron ou, en général, les matières condensables, obstruer toutes les conduites jusque chez le consommateur, donner un gaz extrêmement fuligineux, absolument impropre à la combustion pour l'éclairage ou pour le chauffage. Ceci vous indique pourquoi, de tout temps, dès qu'on a voulu livrer du gaz aux consommateurs, on a été obligé de condenser les goudrons, et de débarrasser le gaz de ses impuretés volatiles de façon à lui donner les qualités qu'il possède.

On a multiplié dans les usines les appareils de purification destinés à séparer la totalité des matières goudronneuses, ammoniacales et sulfurées. A l'heure actuelle, dans l'industrie du gaz, la production des goudrons de houille varie entre 50 et 60 kilos par tonne de houille distillée.

Ce goudron, vous le connaissez, il constitue cette matière épaisse et noire, à forte odeur empyreumatique, telle que l'échantillon que je mets sous vos yeux.

Jusqu'en 1854, ce goudron constituait une matière sans valeur qu'on utilisait le plus souvent pour la préservation de certains bois, des bois de marine en particulier, et souvent aussi comme combustible.

A cette époque la société Knab, qui venait d'installer à la Barrière d'Italie les premiers fours à coke à récupération du goudron, établissait, dans la banlieue de Paris, les premiers appareils de distillation de ce sous-produit. Bientôt après, en 1856, le chimiste français Pelouze créait à la Compagnie du Gaz de Paris la distillation des goudrons pour en séparer les produits dont l'utilité commençait à se faire sentir.

A partir de cette époque, en effet, les découvertes concernant la fabrication des matières colorantes allaient se multiplier et il y avait intérêt à aller chercher les matières premières nécessaires dans le produit qui les contenait normalement, c'est-à-dire dans le goudron, dont la majeure partie provenait à ce moment de la distillation de la houille pour la fabrication du gaz.

Ces produits, vous en connaissez les noms. Ce sont particulièrement des carbures : benzine, toluène, xylène, naphtaline, anthracène ; des produits acides, particulièrement des phénols, comme le phénol ordinaire, le crésol, etc., tous produits dont, au fur et à mesure du développement pris par certaines industries, la valeur a été en augmentant, donnant ainsi au goudron une valeur correspondante.

C'est par la méthode dite des distillations fractionnées que ces produits divers sont successivement séparés. Le goudron, placé dans de grandes cornues, véritables alambics de distillation, est séparé d'abord en ce qu'on appelle les *huiles légères,* produits liquides et mobiles comme celui que je vous montre, qui bouillent à une température variant de 60 à 170°. Ces huiles légères représentent 5, 6 et quelquefois 10 °/₀ du goudron.

Puis, de 170 à 230°, on recueille ce qu'on appelle les *huiles moyennes* et de 230 à 270° les *huiles* dites *lourdes,* épaisses quelquefois comme celle-ci, vous en verrez tout à l'heure la raison.

L'ensemble des huiles moyennes et des huiles lourdes représente 24 à 25 °/₀ du poids du goudron.

Puis viennent des produits, épais également, qui bouillent entre 350 et 400° et qui correspondent à ce qu'on appelle les *huiles à anthracène,* représentant seulement 1 °/₀ du goudron.

Finalement il reste dans la cornue un produit noir à cassure conchoïde, qui est plus ou moins solide suivant que la distillation a été poussée plus ou moins loin ou conduite d'une manière ou d'une autre. Ce produit constitue ce qu'on appelle le *brai sec;* il sert particulièrement à la fabrication des charbons agglomérés ou de l'asphalte qui recouvre les trottoirs des villes.

Voilà la première partie de la distillation. La seconde constitue ce qu'on pourrait appeler une véritable rectification, et elle commence par les huiles légères, qui sont soumises, dans des appareils un peu plus compliqués, à une nouvelle distillation fractionnée. Les produits qui se dégagent sont le plus souvent purifiés par l'action successive de l'acide sulfurique, de la soude, de l'eau. Finalement on en sépare deux produits : l'un constitue la benzine à 90°, qu'on recueille jusqu'à la température de 120°. Cette benzine contient en moyenne :

Benzine	81 °/₀
Toluène	15 —
Xylène.	2 —

Ce produit, qui constitue le benzol brut, peut être dans certaines conditions utilisé tel quel, mais le plus souvent il subit lui-même de nouvelles rectifications pour en séparer la benzine à l'état pur, le toluène et le xylène qui sont nécessaires à des préparations spéciales.

De 120 à 170°, on recueille ce qu'on appelle des benzines lourdes ou des naphtes qui ont quelques emplois dans l'industrie, surtout pour des dissolutions.

C'est le tour maintenant des huiles moyennes qui bouillent entre 170 et 230°. Ces huiles contiennent des phénols. Par la distillation encore, ces phénols peuvent être séparés.

Puis on en sépare la naphtaline. Le produit que je mets ici sous vos yeux est presque solidifié par la naphtaline qu'il contient. Si on soumet ces huiles au filtre-presse, on recueille la naphtaline brute comme celle-ci; il suffit de distiller cette naphtaline dans des appareils appropriés pour l'avoir à l'état pur.

Lorsque la naphtaline a été séparée, il reste une huile lourde, claire, comme celle que je vous montre, qui nous servira tout à l'heure pour un usage particulier, mais qui, en général, constitue surtout ce produit qu'assez improprement on appelle la créosote, que les Allemands appellent huile d'imprégnation et dont l'emploi le plus important est la conservation des bois et en particulier la conservation des traverses de chemins de fer.

C'est par un traitement analogue qu'on sépare l'anthracène. L'anthracène est ici également à l'état solide; on le sépare par filtration; puis quelques lavages avec des carbures enlèvent les matières qui le souillent et on a finalement un anthracène brut légèrement coloré en vert, qu'on amène à un état de pureté parfaite en le sublimant comme la naphtaline, mais en faisant traverser les appareils par un courant de gaz inerte qui entraîne les vapeurs vers des appareils spéciaux de condensation (1).

Ainsi, vous le voyez, le goudron, par cette série de distillations, de purifications, de cristallisations, a livré entre nos mains ses produits les plus utiles : les carbures, benzine, toluène, xylène, naphtaline, anthracène, les phénols, etc., qui serviront aux diverses fabrications dont nous étudierons le développement particulier dans nos deux prochaines conférences.

J'ai inscrit sur ce tableau la composition moyenne des goudrons provenant de l'industrie du gaz ; elle nous permet de calculer les quantités de sous-produits dont peut disposer un pays quelconque lorsqu'on connaît la quantité de houille soumise à la fabrication du gaz.

Pour 100 kilos :

Benzines légères	1,5 à 2
Benzines lourdes	0,5 à 1
Phénol pur	0,5 à 1
Naphtaline.	4 à 6
Anthracène	0,5
Huile de créosotage.	20
Bases pyridiques	0,25
Brai sec.	50 à 60

La deuxième source de goudron réside dans la distillation de la houille pour la fabrication de ce coke métallurgique dont je mets un échantillon sous vos yeux. Mais, dans ce cas particulier, c'est en Allemagne que nous nous transpor-

(1) Industriellement, c'est à l'aide d'un traitement spécial, à la pyridine notamment, que l'anthracène est amené à 80-90 °/o de pureté.

terons pour étudier le développement rationnel que comporte cette fabrication.

Ici on n'opère plus en petites masses comme on est obligé de le faire pour la fabrication du gaz. Celui-ci, par lui-même, dans ce cas a peu d'importance ; ce qui importe, c'est la qualité du coke obtenu, qui doit être dense et dur.

Les charbons qui servent pour cette fabrication ont une composition différente de ceux qui servent pour l'industrie du gaz. La proportion des matières volatiles y est moins importante ; il s'ensuit tout naturellement que la quantité de goudron qu'on peut recueillir dans cette distillation est plus faible que dans l'industrie du gaz. En Allemagne, par exemple, les charbons de la Ruhr donnent environ 2 à 3 °/₀ de goudron, les charbons de Silésie et de la Sarre donnent un peu plus, de 3 à 4 °/₀.

Ce qui caractérise la question que nous envisageons en ce moment, c'est que pendant longtemps on ne s'est préoccupé que de la production du coke et qu'on a négligé complètement la valeur des produits volatils condensables; les vapeurs dégagées étaient en totalité ramenées simplement sous les cornues de distillation, de façon à fournir, par leur combustion, la chaleur nécessaire à la distillation elle-même.

C'est vers 1881 que les Allemands ont commencé à se rendre compte qu'en ne condensant pas les goudrons provenant de la fabrication du coke métallurgique, on commettait une faute économique énorme. A cette date [1] ils éta-

(1) J'ai dit plus haut qu'en France cette idée avait reçu sa première application en 1854.

blirent à Gelsenkirchen une installation de distillation de la houille avec condensation des matières volatiles. La nécessité de cette innovation, vous la comprendrez encore mieux dans notre prochaine leçon. C'était le moment en effet où le développement de la fabrication des matières colorantes en Allemagne commençait à prendre son essor. Jusque-là, ce pays était tributaire de la France et de l'Angleterre pour les matières premières nécessaires; au fur et à mesure que son industrie se développait, l'intérêt de l'Allemagne était d'avoir les matières premières au plus bas prix possible et, par conséquent, d'aller les chercher, sur son territoire, partout où elles pouvaient se rencontrer. Mais ce n'était là qu'un commencement.

Dans l'industrie du gaz, la proportion de benzines légères qu'on peut recueillir varie de 15 à 20 kilos par 1.000 kilos de goudron, mais, lorsqu'il s'agit du goudron de coke, le rendement n'est pas le même. Ici, en effet, la distillation n'est pas conduite de la même façon. Elle a lieu par grandes masses d'abord, en appliquant la chaleur aussi brutalement que possible parce qu'il faut aller vite; il se dégage alors des torrents de matières volatiles dont la condensation par suite est un peu plus difficile que lorsqu'il s'agit de la fabrication du gaz, où il est de toute nécessité d'agir plus lentement sur de plus petites quantités de charbon. Aussi, dans ce cas, la proportion de benzène qui reste dans les goudrons ne représente que 7 à 8 °/₀ de la quantité totale, tandis que 92 ou 93 °/₀ de ces benzènes sont entraînés dans le gaz. Vous voyez, d'ailleurs, sur ce tableau, et par comparaison avec le tableau précédent, l'expression même de cette vérité : 0,1 à 0,5 de benzines légères contre 1,5 à 2 °/₀ dans le cas du gaz d'éclairage.

Composition des goudrons de coke.

Benzènes légers	0,1 à 0,5 °/₀
Benzènes lourds	0,5 à 1
Phénols purs.	0,5 à 1
Naphtaline.	6 à 9
Anthracène	0,5 à 1
Huile de créosotage. . . .	20
Bases pyridiques.	0,25
Brai sec.	58

Les Allemands, les premiers, ont été frappés par cette perte considérable de benzènes légers, mélange de benzine, de toluène et de xylène, qu'ils brûlaient avec le gaz alors qu'ils en avaient grand besoin. Aussi ont-ils eu l'idée de les récupérer. L'application de cette idée — car chez eux, il faut bien le reconnaître, l'application et l'idée ne sont souvent qu'une seule et même chose — fut faite dès 1887, à Dortmund, où fut organisée la première installation pour le lavage des gaz des fours à coke.

Le principe de ce lavage est très simple. Il a pour base l'emploi des huiles lourdes du type de cette huile lourde, claire, qui sert particulièrement à l'imprégnation des bois. On a reconnu que, si on amène le gaz au contact de ces huiles lourdes dans des conditions déterminées, la majeure partie, 75 à 80 °/₀ au moins des benzènes légers qu'il contient s'y incorporent par dissolution.

L'opération est très simple. Imaginez des tours de lavage à la partie supérieure desquelles on fait tomber l'huile lourde du haut en bas, alors que le gaz, au contraire, traverse de bas en haut; après ce contact intime le gaz qui sort à la partie supérieure est débarrassé de la presque totalité des benzènes qu'il contenait. Il y a lieu cependant pour cela de refroidir l'huile à une température voisine de zéro. L'huile qui coule à la partie inférieure s'est chargée au contraire du benzol contenu dans le gaz et il suffit de la soumettre à la distillation, comme je l'ai indiqué précédemment, pour qu'immédiatement on récupère, par condensation, le benzène qui avait été dissous.

Ainsi donc, en Allemagne, la distillation de la houille pour coke métallurgique a passé par trois phases : dans la première on négligeait complètement le goudron et les produits qu'il contenait, dans la seconde on a commencé par récupérer ce goudron, et dans la troisième on a poursuivi la récupération de la totalité des benzènes, en lavant le gaz qui les emportait vers les appareils de combustion.

Les chiffres suivants fixent sur l'importance de ce triple mouvement :

En 1905, le nombre des installations de distillation était de 92; sur ces 92 il y en avait déjà 58 avec récupération des goudrons, 28 avec lavage du gaz; 4 de ces installations étaient suffisamment perfectionnées pour que le gaz soit fourni au consommateur au lieu d'être brûlé directement sous les fours de distillation.

Si nous comparons les mêmes chiffres pour l'année 1909, c'est-à-dire quatre ans après, nous trouvons 99 installations de distillation de houille pour le coke métallurgique; mais le nombre des installations avec récupération est passé à 83, celui des installations avec lavage du gaz est passé à 47, et le nombre des installations fournissant du gaz pour l'éclairage et le chauffage est passé à 8.

Cette progression rapide a été en continuant, et je crois qu'on peut dire qu'à l'heure actuelle il n'y a plus en Allemagne d'installations de fours à coke où on ne condense les goudrons et où on ne lave en même temps le gaz destiné à la récupération totale des benzènes légers.

Ces prémisses étant posées, il est facile de nous rendre compte de la totalité des matières premières, des carbures en particulier, dont les Allemands peuvent disposer à l'heure actuelle, et vous verrez aujourd'hui et plus tard que cette production a pour eux, pendant la guerre, une importance tout à fait particulière...

Pour cela, il faut que vous sachiez que la production du coke métallurgique en Allemagne est de 21 millions de tonnes, correspondant à 30 millions de tonnes de houille carbonisée. La distillation de la houille pour la fabrication du gaz d'éclairage est d'environ 9 millions de tonnes. En tenant compte de toutes ces indications, on peut apprécier la totalité des goudrons et sous-produits dont en ce moment l'Allemagne peut disposer.

En effet, la fabrication du gaz, en prenant 55 kilos de goudron par tonne de houille qui est le chiffre moyen, fournit 490.000 tonnes de goudron ; la fabrication du coke, au chiffre moyen de 34 kilos par tonne de houille, fournit 1.020.000 kilos de goudron ; c'est-à-dire que les Allemands disposent, en totalité, de 1.510.000

tonnes de goudron de houille. En tenant compte de leur composition indiquée précédemment il est facile de calculer combien la distillation de ces goudrons peut donner en benzols bruts, en naphtaline et en anthracène, par exemple.

Les goudrons du gaz, en admettant le chiffre moyen de 25 kilos par tonne — et ici naturellement nous comprenons l'ensemble des benzènes légers et des benzènes lourds — fournissent 11.250 tonnes de benzènes bruts. Les goudrons du coke, en admettant le chiffre moyen de 10 kilos par tonne, en fournissent 102.000 tonnes. Le lavage des gaz des fours à coke, dans lequel on recueille 6kg 500 par tonne de houille, représente 195.000 tonnes de benzols. En totalisant, on arrive ainsi à une possibilité de 303.250 tonnes de benzènes bruts, soit 300.000 tonnes en chiffres ronds.

Je ne tiens pas compte ici du lavage du gaz d'éclairage sur lequel je reviendrai dans un instant, qui peut fournir par mètre cube de gaz 15 à 17 grammes de benzène. Pour les 9 millions de tonnes de houille distillées, il faudrait ajouter encore 43.200 tonnes; de sorte qu'on peut envisager que l'Allemagne, en pratiquant d'une manière rationnelle la distillation de la houille, aussi bien pour le gaz que pour la fabrication du coke métallurgique, peut avoir à sa disposition, en chiffres ronds, 345.000 tonnes de benzènes bruts.

Des calculs analogues nous montreraient que, du gaz, l'Allemagne peut tirer 24.500 tonnes de naphtaline, de la distillation du coke 76.500 tonnes, soit au total 101.000 tonnes de naphtaline.

Pour l'anthracène, l'Allemagne peut tirer de

la fabrication du gaz 2.450 tonnes, de la fabrication du coke 7.650 tonnes, soit au total 10.100 tonnes.

Ce sont là des chiffres sur lesquels je n'ai pas besoin d'insister et qui commencent à vous expliquer les raisons du développement considérable pris en Allemagne par la fabrication des matières colorantes, des produits pharmaceutiques et des parfums synthétiques, qui ont comme matières premières ces carbures que nous venons d'apprendre à extraire de la houille.

C'est la conséquence — il faut y insister — du progrès scientifique appliqué avec persévérance à ces industries et dont nous verrons bientôt les résultats.

Je vous disais l'année dernière que l'Allemagne produit 175 millions de tonnes de houille par an, l'Angleterre 240 millions, la France arrivant péniblement à 39 millions. Ces chiffres vous montrent que l'Angleterre aurait pu, si elle l'avait voulu, tenir tête à l'Allemagne. Vous savez — et nous le constatons tous les jours à l'heure présente — qu'elle ne l'a pas fait.

En 1910, en Angleterre, la récupération des goudrons pour la fabrication du coke métallurgique ne représentait que 18 °/₀ des installations. Ce retard a fait perdre en même temps à l'Angleterre sur un autre terrain la première place qu'elle occupait. La distillation de la houille, en effet, fournit aussi un engrais d'une grande valeur pour l'agriculture, le sulfate d'ammoniaque. Autrefois l'Angleterre tenait le premier rang pour cette fabrication ; elle est dépassée aujourd'hui par l'Allemagne qui produisait, en 1912,

465.000 [1] tonnes de sulfate d'ammoniaque contre 379.000 seulement en Angleterre. Si d'ailleurs vous suivez les discussions qui ont lieu dans ce pays, aussi bien dans la presse politique que dans la presse scientifique, vous trouverez qu'en général on fait à l'industrie anglaise les mêmes reproches que nous adressons à la nôtre depuis le début de la guerre, c'est-à-dire depuis que généralement — car c'est un mal que beaucoup déjà avaient dénoncé précédemment — on s'est aperçu que notre infériorité était capitale et que pour l'avenir de la nation cette infériorité ne pouvait pas se prolonger plus longtemps.

La France cependant a des excuses de ne pas avoir suivi le mouvement que je viens de vous signaler en Allemagne pour la production du goudron de houille et de ses dérivés. La France, en effet, produisant peu de charbon en comparaison de l'Allemagne et de l'Angleterre, n'a donc pas les mêmes ressources. C'est aux goudrons qui proviennent de la fabrication du gaz d'éclairage qu'elle a demandé jusqu'ici la presque totalité des carbures d'hydrogène nécessaires à sa propre consommation.

Nous distillons — ce sont les chiffres de 1913 — pour la production du gaz, 5 millions de tonnes de houille, qui représentent 275.000 tonnes de goudron donnant par la distillation environ 7.000 tonnes de benzol brut. Si on y ajoute les benzols produits par les installations pour coke métallurgique dont nous parlerons

(1) La production allemande en 1913 s'est élevée à 550.000 tonnes.

tout à l'heure, on arrive à 15.000 tonnes. Je n'ai pas besoin de vous dire combien, en particulier en ce moment, étant donné que la fabrication des explosifs a comme base l'emploi de la benzine, du toluène et de la naphtaline, cette faible production de matières premières dérivées du goudron a gêné les fabrications destinées à la défense nationale.

On y ajoute à ce moment une ressource nouvelle, celle du lavage du gaz d'éclairage. Autrefois, le gaz, lorsqu'on le brûlait soit à l'aide des becs papillon, soit à l'aide de ces becs Bengel dont je vois encore quelques spécimens sur ces candélabres, devait posséder un pouvoir éclairant spécial et, pour cela, une composition déterminée. Des contrats liaient, par des chiffres précis, les compagnies du gaz et les villes. C'est ainsi, par exemple, que la Société de Paris devait fournir du gaz qui donnait l'unité de lumière, le carcel, avec 105 litres par heure. Mais nous sommes loin aujourd'hui de la combustion dans des appareils analogues, surtout depuis l'apparition des becs à incandescence. Maintenant, en effet, la composition du gaz n'est plus liée au pouvoir éclairant, mais entièrement au pouvoir calorifique ; comme le pouvoir éclairant est dû pour partie aux vapeurs de benzine entraînées en dehors des appareils de condensation du goudron, lorsqu'il s'agit de s'éclairer à l'incandescence, leur présence n'est plus nécessaire. A la vérité, ces vapeurs de benzine augmentent bien le pouvoir calorifique, mais dans une proportion telle que le gaz qui en est dépouillé perd fort peu de sa valeur. Il apparaît donc que le lavage du gaz, devant les nécessités qui s'imposent aujourd'hui et qui s'imposeront après la guerre pour remédier à la pénurie des matières premières représentées par le goudron, est un progrès nécessaire à réaliser, commandé par le progrès même de l'éclairage depuis que l'incandescence a remplacé partout la combustion à l'air libre. Et j'avoue que je suis un peu surpris qu'on ait songé seulement il y a quelques jours à cette réalisation pour intensifier cette fabrication d'explosifs dont la nécessité fut démontrée au lendemain de la victoire de la Marne.

La ville de Paris et sa banlieue consomment annuellement 450 millions de mètres cubes de gaz. Ce gaz contient 20 grammes de benzol par mètre cube. La récupération par le procédé de lavage déjà employé pour le gaz des fours à coke, permet d'en extraire 15 à 17 grammes environ. Pour la ville de Paris seulement, le procédé correspond donc à une production de 7.200 tonnes de benzol par an, soit à environ 20 tonnes de benzol par jour. Le sous-secrétaire d'État des Munitions, en défendant la loi qui vient d'être votée, disait que la pratique du lavage du gaz pouvait mettre à la disposition de la défense nationale 50 tonnes d'explosifs de plus par jour. Cette déclaration montre combien cette opération est utile et combien j'ai raison de vous dire que peut-être on aurait pu la pratiquer un peu moins tardivement.

Dans tous les cas, voilà nos seules ressources à l'heure actuelle. Nous possédons bien quelques installations de récupération, annexées à la fabrication du coke métallurgique aux mines de la Loire, de Béthune et de Lens, à Hénin-Liétard, etc... Mais vous savez que de ce dernier côté nos charbonnages sont, pour la plus grande partie, aux mains des Allemands; par conséquent, l'appoint de goudron de houille que nous apportaient ces installations n'est pas tout entier en notre possession à l'heure actuelle et il faut nous en passer.

Cela étant, je voudrais surtout insister, pour terminer cette conférence, sur ce que nous devons faire, dans l'avenir, à l'exemple de ce qu'ont fait les Allemands. Nous pourrons ainsi trouver chez nous, par la carbonisation de la houille, avec traitement du gaz d'éclairage et du gaz des fours à coke, une source importante de matières premières qui faciliteront l'édification et le développement des industries qui manquent à notre pays.

En effet, d'après les statistiques de 1912 du Ministère des Travaux publics, la houille française distillée pour la fabrication du coke est de 3.925.000 tonnes; nous importons en outre une quantité de coke étranger qui représente 2.847.000 tonnes de houille. Nous consommons donc en coke métallurgique une quantité correspondant à 6.772.000 tonnes de houille. Le goudron en puissance dans ces 6.772.000 tonnes de houille représente 230.250 tonnes; le goudron du gaz correspondant à 275.000 tonnes, il y a donc possibilité chez nous de produire 500.000 tonnes de goudron de houille, — exactement 505.250 tonnes, — et je ne crois pas que l'objection qu'on peut faire sur la qualité des charbons empêche cette production d'être réalisée.

Si nous appliquons à cette production les calculs que nous avons faits tout à l'heure pour l'Allemagne, nous trouverons que les goudrons du coke pourront nous donner 2.302 tonnes de benzol brut, les goudrons du gaz d'éclairage, 6.875 tonnes, le lavage des gaz des fours à coke 44.000 tonnes, ce qui fait un total de 53.177 tonnes de benzol brut. C'est certainement quatre à cinq fois plus que nous ne produisons à l'heure actuelle.

Si nous ajoutons à cette production celle que peut nous donner le lavage du gaz d'éclairage correspondant à 5 millions de tonnes de houille distillée, soit 24.000 tonnes, nous avons donc la possibilité de produire en France 76.500 tonnes de benzol et, en appliquant toujours les mêmes calculs, 31.000 tonnes de naphtaline, 3.100 tonnes d'anthracène.

Je n'ai pas besoin d'insister pour vous montrer l'influence que cette production de matières premières : benzol brut, naphtaline, anthracène, peut avoir sur la création chez nous de l'industrie de matières colorantes, des produits pharmaceutiques, sur l'extension de l'industrie des parfums synthétiques, industries dont le développement pourrait nous permettre, non seulement de fournir la consommation nationale, mais aussi, dans des conditions particulières, de songer au commerce d'exportation.

J'ajoute que les tarifs douaniers exemptant à l'entrée les matières premières, spécialement les carbures dont je viens de vous faire l'énumération, nous pourrons au besoin, si c'est nécessaire, aller chercher, dans les pays où il y en aura pléthore, le complément de ces matières premières.

Il faut noter également, sans insister sur ce

point, qu'au cours de la guerre des installations ayant pour base des procédés nouveaux, basés notamment sur l'hydrogénation de produits un peu différents de ceux qui sont utilisés à l'heure actuelle, ont vu le jour; ces installations peuvent continuer à fonctionner après la guerre, se développer même et se perfectionner, et aider ainsi la France à compléter l'extraction du goudron de houille. Cet ensemble servira, non seulement les besoins de l'industrie, mais aussi ceux de l'agriculture. La quantité de sulfate d'ammoniaque que nous produisons à l'heure actuelle est de 68.500 tonnes par an; la récupération totale des eaux ammoniacales de la distillation de la houille peut augmenter cette production de 81.250 tonnes, ce qui nous permettrait de recueillir environ 150.000 tonnes de sulfate d'ammoniaque dont l'agriculture a le plus grand besoin.

Vous voyez ainsi combien j'ai raison de vous montrer que les progrès à faire réaliser au principe de la récupération des divers produits de la distillation de la houille sont nécessaires dans notre pays, qui doit résolument rompre avec cette routine qu'il a malheureusement conservée trop longtemps dans ses applications industrielles.

Comme les mêmes causes produisent généralement les mêmes effets, il apparaît de suite que cette initiative aurait été certainement prise depuis longtemps, et nous y aurions été logiquement entraînés comme les Allemands, si l'industrie des matières colorantes avait tenu, chez nous, ses promesses du début.

En effet, je vous rappelais tout à l'heure que

c'est en 1854 qu'ont été installés pour la première fois en France la récupération et le traitement des goudrons du coke et du gaz d'éclairage. Je complète cet historique en vous disant que c'est en 1862 que l'usine Dalsace a installé, à Saint-Denis, la première fabrication rationnelle d'aniline, par le procédé imaginé par Béchamp en 1854. Jusque-là l'aniline était obtenue par la distillation de l'indigo ; à partir de 1862, on l'obtenait en partant de la benzine transformée d'abord en nitrobenzine qu'ensuite on réduisait par le fer et l'acide acétique, plus tard par l'acide chlorhydrique.

C'est également un Français, Coupier, qui créait à Creil, en 1866, le premier appareil de rectification des huiles de houille pour en séparer les différents carbures : benzène, toluène, xylène, etc.

La distillation rationnelle des goudrons est donc d'essence française et, si elle s'est créée, c'est parce que, vers la même époque, l'industrie des matières colorantes commençait à naître à la suite des travaux de nos compatriotes, s'installait dans notre pays et qu'au fur et à mesure de l'augmentation de sa production, cela nécessitait la mise à sa disposition de quantités plus grandes de matières premières.

Jusque-là, les colorants dont étaient teintes nos étoffes étaient tous des colorants naturels. C'étaient : la garance, l'indigo, le cachou, l'orseille, le quercitron, le santal, le campêche, la cochenille, etc. La garance était la grande production du Midi qui cultivait 20.000 hectares de cette plante pour la production de cette matière colorante rouge qui, jusque dans ces derniers temps, a servi surtout à la teinture des pantalons militaires.

A cette époque également, l'Allemagne était tributaire de l'étranger pour 70 millions environ de matières colorantes. Mais les choses vont changer avec les découvertes qui se succèdent à partir de 1856 dans la voie des matières colorantes dites d'aniline.

Le mouvement commence en Angleterre par la découverte de Perkin, travaillant dans le laboratoire du célèbre chimiste Hofmann, qui professait en Angleterre à cette époque, mais qui, Allemand d'origine, n'allait pas tarder à retourner dans sa patrie pour y être, il faut bien le dire, le véritable instigateur de l'industrie des matières colorantes. Il avait assisté à la naissance de l'industrie anglaise et, rentré en Allemagne, il n'allait pas tarder à faire profiter son pays de ses idées et de ses découvertes scientifiques.

Après 1856, ce sont les savants et les industriels français qui prennent la tête du mouvement de découverte et de fabrication des matières colorantes. En 1859, Verguin fabrique la fuchsine à la teinturerie Renard et Franc de Lyon. En 1861, Girard et de Laire, par la réaction de la fuchsine sur l'aniline, découvrent les premières matières colorantes bleues qu'on appelle les bleus de Lyon. En 1862, Cherpin lance le vert à l'aldéhyde. Lauth, en 1866, découvre successivement le violet de diméthylaniline, le vert de méthyle et le bleu de diphénylamine. Coupier fabriquait en 1867 le bleu qui porte son nom.

Ainsi, vous le voyez, les découvertes françaises se succèdent rapidement. Des installations de fabrications ont lieu en France pour profiter de ces découvertes. La guerre de 1870 arrête un peu ce mouvement, mais en 1873 apparaît le cachou de Laval qui marque l'origine des matières colorantes sulfurées, et enfin, en 1875, Roussin découvre les colorants azoïques qui, par la multiplicité de leurs réactions, vont donner à l'industrie des couleurs son véritable essor.

Si j'arrête ici cette nomenclature dans laquelle les savants français brillent avec le plus grand honneur, c'est que, malgré les découvertes françaises qui se succédèrent dans la suite, cette date de 1875 marque chez nous l'apogée de la fabrication des couleurs d'aniline.

A partir de ce moment, l'Allemagne va développer sa propre industrie, tandis que la nôtre va rester figée sur place, annihilant ainsi tous les efforts que nos savants et nos fabricants avaient faits dès le début, aussi bien dans la voie de la production des matières premières tirées du goudron, que dans leur transformation en dérivés colorés.

Dans nos réunions de l'année dernière, j'ai recherché les causes générales du développement prodigieux de l'industrie allemande correspondant à cette stagnation dont est marquée notre propre industrie. Je n'y reviendrai pas. Mais pour compléter notre étude, il me reste à ajouter quelques raisons spéciales dont l'habile exploitation a aidé aussi, dans une large mesure, au triomphe de nos ennemis. Ce sera le sujet et l'objet de nos prochaines conférences.

DEUXIÈME CONFÉRENCE (1)

Le développement comparatif des industries de matières colorantes, de produits pharmaceutiques et de parfums synthétiques en France et en Allemagne. — Ses rapports avec l'insuffisance de la législation française de la propriété industrielle et de la protection douanière.

Mesdames, Messieurs,

Dans ma dernière conférence, je vous ai montré comment l'Allemagne, avec une volonté persévérante, depuis 1881, a développé sans cesse la production de ses goudrons de houille et comment, grâce aux perfectionnements apportés successivement aux procédés de récupération des matières volatiles condensables, elle a pu porter au maximum le rendement en produits utiles, et notamment en benzol, en toluène, en anthracène, en naphtaline et en sulfate d'ammoniaque.

Parallèlement, je vous ai montré comment la France, après avoir créé la distillation du goudron, l'avoir développée pour fournir les matières premières nécessaires à la fabrication de ces colorants dits d'aniline, dont les découvertes, de 1859 à 1875, sont sorties presque sans interruption de ses laboratoires, comment la France, après ce double effort, s'est tout à coup arrêtée en chemin.

Aujourd'hui, je me propose d'examiner devant

(1) Conférence faite au Conservatoire national des Arts et Métiers, le jeudi 6 janvier 1916.

vous par quels moyens spéciaux l'Allemagne a su utiliser dans une triple voie, celle des matières colorantes, celle des produits pharmaceutiques et celle des parfums synthétiques, cette production sans cesse croissante de carbures d'hydrogène et établir cette industrie puissante qui, par les ressources qu'elle met à sa disposition, l'aide si efficacement aujourd'hui dans son effort militaire.

Nous commencerons par l'étude des matières colorantes; mais je me hâte de vous prévenir qu'il ne s'agit pas ici d'une étude technique proprement dite; celle-ci sera faite sous peu par un de mes collègues, spécialiste des plus distingués, M. Grandmougin, professeur à cette école de Mulhouse de création française, qui nous sera d'un si grand secours après la guerre pour la formation des chimistes coloristes.

Je tiens, pour mon compte, tout simplement, à compléter l'étude générale qui a précédé celle-ci, par la recherche des causes spéciales, économiques et autres, qui ont permis à l'Allemagne de triompher de ses concurrents, causes spéciales dont la connaissance achèvera de nous indiquer les moyens de réparer les erreurs que nous avons commises, si nous nous décidons, comme je l'espère, à entrer dans la voie de la réorganisation complète de nos industries chimiques.

Dans notre dernière conférence, je vous ai montré, avec des dates à l'appui, que l'industrie du goudron de houille, par la récupération, appliquée à la distillation de la houille pour la fabrication du gaz et du coke, achevée par la distillation même du goudron, est d'essence absolument française. Je vous ai indiqué qu'il en était de même pour les matières colorantes. Vous avez vu également que, par suite des découvertes qui se succèdent dans les laboratoires français et qui mettent déjà à la disposition des industriels un nombre important de colorants dérivés du goudron de houille, ces deux industries : distillation des goudrons, fabrication des matières colorantes, se sont développées parallèlement jusqu'en 1875 environ.

Ce qui peut compléter votre instruction à ce sujet réside dans ce fait que huit usines importantes se sont édifiées à cette époque et ont développé en France la mise au point des découvertes sorties des laboratoires.

L'Angleterre à ce moment aussi développait cette industrie. C'est du laboratoire de l'Allemand Hofmann, professeur en Angleterre, qu'était sortie la découverte du violet d'aniline, de la mauvéine comme on l'appelait, découverte par Perkin qui travaillait à ses côtés. De nombreux élèves se pressaient déjà autour d'Hofmann au Collège des Sciences de Londres, et ce sont eux qui ont servi de collaborateurs aux Anglais pour l'édification d'un certain nombre d'usines de matières colorantes. Ces usines pour la plupart existent encore aujourd'hui, mais elles ne se sont pas développées comme elles auraient dû le faire, et cela pour des raisons analogues à celles que nous invoquons pour l'arrêt des industries chimiques et en particulier de l'industrie des matières colorantes dans notre pays.

L'Allemagne, à cette époque, possédait sur les bords du Rhin quelques usines, mais elle était tributaire de la France pour les matières premières ; c'est chez nous qu'elle venait chercher la benzine, le toluène, la naphtaline et plus particulièrement l'anthracène, de telle sorte qu'étant tributaire de l'étranger elle ne pouvait guère développer cette fabrication. Mais trois causes n'allaient pas tarder à intervenir en même temps pour la faire sortir de cette sorte de dépendance dans laquelle elle se trouvait.

La première de ces causes réside dans l'enseignement chimique qu'elle possédait déjà à cette époque. Vous vous souvenez que, dans nos conférences de l'année dernière, j'ai fait remonter cette création à 1827, époque à laquelle Liebig créa à Giessen le premier laboratoire d'enseignement de la chimie appliquée. Depuis cette date, cet enseignement s'était étendu peu à peu à toutes les universités et il allait recevoir une nouvelle impulsion à partir de l'année 1865, époque à laquelle Hofmann quittait l'Angleterre pour venir professer à l'Université de Berlin.

Hofmann avait compris, par la collaboration qui, en Angleterre, avait présidé à l'édification des premières usines de matières colorantes, que, pour faire œuvre utile au point de vue industriel, il était nécessaire de grouper les savants et les fabricants. Un de ses premiers actes fut la création de la Société chimique allemande, dans laquelle on vit côte à côte, de suite, collaborer les savants et les industriels. Il avait de plus ramené avec lui ses élèves, et l'expérience que ceux-ci rapportaient de leur contact avec les industriels anglais n'allait pas être perdue pour l'Allemagne. D'abord ils allaient donner un nouvel essor à l'enseignement chimique dans les universités en ouvrant, avec la large collaboration de l'Etat, de nouveaux laboratoires. On vit alors une sorte d'engouement pour les études chimiques secouer l'Allemagne et des jeunes gens de toutes les conditions sociales se pressèrent nombreux aux cours de Graebe, de Liebermann, de Witt, etc., formant ainsi une armée de jeunes chimistes qui, au moment voulu, pourraient être mobilisés pour les besoins de l'industrie.

En France, j'y ai déjà fait allusion l'année dernière, nous nous trouvions dans une situation tout à fait différente. Certes, la science française continuait à briller d'un vif éclat dans des laboratoires déjà archaïques, dont beaucoup, hélas ! n'ont pas changé depuis ; mais une cloison étanche séparait l'industrie de la science, la recherche théorique pour elle-même l'emportait sur le domaine de l'application, et c'est seulement dans quelques laboratoires que quelques élèves purent trouver asile.

La deuxième cause, très importante également, se rattache à la méthode d'enseignement elle-même. En Allemagne, les professeurs, avec une belle unité de vues, adoptent les nouvelles théories chimiques dont, en France, Wurtz est l'ardent propagateur et qui ont comme base la théorie atomique. Ils comprennent, tout de suite, les ressources qu'apportent à la recherche, en chimie organique particulièrement, les hypothèses que la nouvelle théorie permet de formuler relativement à la constitution des composés du carbone. En chimie minérale, les réactions qui donnent naissance à des corps nouveaux sont surtout prévues par des lois déduites de l'application des principes de la mécanique. En chimie organique, le domaine de l'hypothèse devient beaucoup plus vaste, grâce à deux conceptions nouvelles : la première est celle des groupements dits fonctionnels qui permet de réunir en véritables familles : carbures, alcools, aldéhydes, acétones, dérivés ammoniacaux, phénols, quinones, dérivés nitrés, azoïques, diazoïques, etc..., l'ensemble des produits ayant les mêmes propriétés générales ; la deuxième conception réside dans l'adoption des formules de constitution qui figurent, comme s'il était réel, l'arrangement systématique des atomes dans l'espace, ce qu'on pourrait appeler l'architecture suivant laquelle les différents corps sont construits.

Ces conceptions offrent au théoricien une double voie d'investigation. Tout d'abord, elles lui permettent, par le jeu des réactions successives, sur un même produit, des composés d'une même famille, de prévoir l'existence, en si grand nombre qu'il soit, de dérivés nouveaux, de fixer à l'avance leurs formules et de soupçonner leurs propriétés. Ensuite, par voie d'analyse, elles donnent au chimiste le moyen de s'attaquer aux produits naturels, d'en étudier les groupements fonctionnels et petit à petit de soupçonner la façon dont leur édifice moléculaire, leur architecture est constituée. Ce travail fait, le chimiste pourra, par la voie inverse, et en partant des produits plus simples qu'il a à sa disposition, en tenter la synthèse, c'est-à-dire la reproduction à l'égal de la nature.

Acquis dès le début à ces idées, y ayant entraîné leurs élèves, les chimistes allemands se trouvaient très avantagés pour en tirer de suite les conséquences pratiques.

Il n'en fut pas de même en France, où deux écoles, celle de Wurtz et celle de Berthelot, la première acquise aux idées nouvelles de la notation atomique, la seconde défendant la vieille théorie dualistique et la notation en équivalents, luttèrent jusque vers 1890, l'une pour conquérir, l'autre pour conserver la prépondérance dans l'enseignement universitaire. Tiraillée entre ces deux écoles, oubliant même dans ce duel le but qu'elle devait poursuivre, la chimie française, au moment même où cette rivalité activait ses découvertes, allait se trouver, au point de vue pratique, dans un état d'infériorité dont l'Allemagne allait savoir profiter.

En effet, prévoir des corps nouveaux n'est pas tout, surtout quand leur nombre est presque illimité. Songer à étudier et à appliquer le mécanisme de décomposition et de synthèse des produits naturels n'est pas suffisant. Il faut réaliser et la tâche est lourde; elle exige un nombreux personnel subalterne rompu au mécanisme des réactions chimiques et capable d'obéir aux directions que lui imprime le cerveau qui conçoit. Ce personnel, vous le savez maintenant, l'Allemagne le possédait, la France ne l'avait pas.

Ce n'est pas tout. Quand il s'agit d'application, il faut encore déterminer les propriétés des produits découverts, éliminer ceux qui ne sont pas susceptibles d'utilisation industrielle et mettre sur pied à bon compte la fabrication de ceux qu'on veut retenir.

C'est ici qu'intervient la troisième cause, à

laquelle, dans mes conférences précédentes, j'ai déjà fait allusion; car ce dernier travail ne peut se faire qu'à l'usine, et c'est la supériorité des industriels allemands d'avoir compris qu'ils ne pouvaient rien sans la collaboration de la science et de lui avoir ménagé dans leurs établissements de véritables palais.

Dès le début, cette collaboration porte ses fruits. En 1869, Graebe et Liebermann réalisent la synthèse de l'alizarine. Immédiatement l'industrie allemande s'empare de cette synthèse et vient chercher en France l'anthracène qui donnera bientôt toute l'alizarine que produisait la garance cultivée dans nos départements du Midi et en Alsace.

Je vous rappelais à la fin de notre dernière conférence la découverte des colorants azoïques par le chimiste français Roussin; cette découverte était appliquée à l'usine Poirier, de Saint-Denis; mais on avait jugé que pour ces premiers colorants azoïques il n'y avait pas lieu de prendre de brevet et qu'il valait mieux tenir la fabrication secrète. Dès que ces produits apparurent en Allemagne, Hofmann les étudia dans son laboratoire et, très rapidement, en découvrit la constitution et la méthode de préparation qu'il publia. Il s'ensuivit que ces colorants tombèrent immédiatement dans le domaine public. Mais Hofmann comprit que ces premiers colorants azoïques pouvaient avoir, par de multiples réactions, des représentants extrêmement nombreux. C'est alors qu'intervinrent les chimistes préparés par les Allemands, qu'on put mettre à l'œuvre pour l'étude et la réalisation industrielle de ces multiples colorants azoïques et c'est, on peut le dire, de la fabrication de ces produits nombreux que datent l'organisation et l'essor de l'industrie allemande des matières colorantes.

Cet essor commence en 1875, et déjà l'Exposition universelle de 1878 montre le développement qu'à pris en Allemagne la fabrication des couleurs. La fabrication, suivant le rapport de M. Lauth, est évaluée au total à 50 ou 60 millions de francs, dont 30 millions pour l'alizarine ; sur ces quantités, les trois quarts sont déjà destinés au commerce d'exportation. La fabrication anglaise ne s'élève guère qu'à 11 millions, la fabrication suisse à 7 millions et celle de la France tombe déjà à 4 ou 5 millions; ce sont des chiffres que, d'ailleurs, elle ne dépassera pas beaucoup dans la suite.

C'est à ce moment que notre regretté collègue, M. Lauth, pousse le cri d'alarme et met les Français en face de la situation que ne tarderont pas à leur créer les industries allemandes si l'on n'y prend garde.

Depuis cette époque, grâce à la persévérance de leurs méthodes, le progrès des Allemands ne s'est pas ralenti, et c'est en ajoutant sans cesse les produits nouveaux aux produits nouveaux, en réalisant, au prix des efforts que je vous citais l'année dernière, de nouvelles synthèses comme celle de l'indigo, que le commerce d'exportation des produits colorants allemands atteint les chiffres énormes que vous voyez inscrits sur ce tableau pour l'année 1913 :

	Kilos		Francs
	—		—
Aniline et sels	7.264.000	représentant	7.398.750
Naphtols et naphtylamines	3.106.400	—	3.737.500
Couleurs d'aniline. . . .	64.287.900	—	177.598.750
Alizarine	6.132.600	—	11.657.500
Couleurs d'anthracène. .	4.907.000	—	13.308.750
Indigo.	33.352.800	—	65.653.750
Carmin d'indigo	256.500	—	1.181.250
Totaux . . .	119.307.200	—	280.536.250

Si on pouvait rechercher d'une façon complète les raisons auxquelles correspondent des chiffres aussi élevés que ceux-ci, on y trouverait, outre toutes celles que je vous indiquais précédemment, celle toute spéciale qui incite les Allemands à considérer surtout les rapports d'ensemble et leur enseigne à savoir faire des sacrifices particuliers pour certaines fabrications. D'autre part, le tableau montre aussi que les industries synthétiques jouent un rôle particulier dans le résultat total et indique évidemment pour quelles raisons la Société Badoise et d'autres sociétés ont poursuivi avec tant d'acharnement la synthèse de l'indigo. C'est que ce dernier représente une consommation considérable et que les Allemands en ont conclu de suite que, si on arrivait à opérer sa fabrication dans de bonnes conditions, on devait réaliser de très gros bénéfices.

Il existe en Allemagne douze à quinze grandes fabriques de matières colorantes. Deux d'entre elles : la Badische Anilin und Soda-Fabrik de Ludwigshaven, et la Farbwerke (Meister Lucius) de Hœchst-sur-Mein, fabriquent particulièrement l'indigo synthétique... J'ai sous les yeux les derniers dividendes distribués par ces sociétés, qui sont de 28 °/₀ pour la Badische Anilin, et de 30 % pour Meister Lucius. Si on remonte à la source de ces dividendes et si, en particulier, on en étudie les variations progressives, on voit que c'est surtout depuis le jour où la synthèse de l'indigo fut poursuivie par ces deux groupements concurrents que ces dividendes ont atteint le chiffre le plus élevé. Comme je vous l'ai déjà indiqué, une pareille extension commerciale ne s'obtient pas, aussi rapidement surtout, sans que d'autres circonstances y prennent part. Il faut, en particulier, que les matières premières la favorisent aussi bien au point de vue de la quantité que du prix. Ici les matières premières sont nombreuses : ce sont non seulement les dérivés du goudron de houille qui occupent le premier rang, mais encore toutes celles qui vont servir à transformer les carbures extraits de ce goudron : acides sulfurique, chlorhydrique, nitrique, acétique, le chlore, le brome, l'iode, la potasse, la soude, les nitrates, les nitrites, etc... Comme je vous l'ai montré dans une de nos conférences précédentes en vous décrivant les phases industrielles de la synthèse de l'indigo, la sollicitude des savants et des techniciens a dû se porter vers l'étude de ces produits eux-mêmes pour en augmenter la production, pour l'améliorer par des procédés nouveaux et pour rechercher l'utilisation de tous les sous-produits jusque-là sans valeur.

Ce n'est donc pas seulement le progrès de la distillation de la houille que le développement de la fabrication des colorants a entraîné en Allemagne, c'est celui de tous les produits, de sorte qu'il s'est créé une véritable industrie chimique dont tous les compartiments se sont soutenus, ont progressé les uns par les autres et qui a permis, par le choix des bonnes méthodes de rendement, par l'augmentation de la production générale, un abaissement corrélatif et progressif du prix de revient.

En industrie — j'aurai l'occasion d'y revenir parce qu'en France nous travaillons trop souvent suivant une autre conception — l'abaissement du prix de revient doit être la préoccupation constante, et c'est parce que les Allemands l'ont eue sans cesse devant les yeux qu'ils ont pu pratiquer des prix de vente qui ont brisé tous les obstacles qu'on leur avait opposés et qu'ils ont conquis peu à peu le marché mondial.

En France, en ce qui concerne les matières colorantes, ces obstacles furent de deux ordres : le premier se rapporte à la loi des brevets, le second au tarif douanier.

La loi des brevets interdit en France l'importation des produits brevetés par le possesseur étranger du brevet. Ceci amène à cette conclusion que le produit breveté doit être fabriqué dans le pays (1).

Les Allemands ont répondu à cette nécessité de deux façons. Dans la première, ils ont accordé des licences, mais, bien entendu, en se réservant les gros bénéfices ou bien en livrant assez cher les matières premières. Plus généralement ils ont préféré créer dans notre pays des usines à eux ; c'est ainsi que la Badische Anilin a une succursale à Neuville-sur-Saône ; les Farbenfa-

(1) Le délai accordé par la loi est de deux ans après la prise du brevet.

briken Bayer ont une succursale à Flers dans le département du Nord ; la Farbwerke Meister Lucius a une succursale dans la Compagnie parisienne des couleurs d'aniline de Creil ; Léopold Casella, une succursale dans la Manufacture lyonnaise de matières colorantes. Ils ont préféré ce régime, parce que, grâce à lui, ils ont pu facilement profiter des lacunes de notre tarif douanier.

Les positions de ce tarif qui groupent les matières premières et les produits colorants se trouvent sous deux numéros différents.

Au n° 280, on trouve d'abord les matières premières dérivées directement du goudron de houille qui sont exemptes de droits ; puis les produits chimiques obtenus par la transformation des dérivés immédiats du goudron ; ceux-ci paient 15 francs par 100 kilos, plus, dans certains cas, des droits particuliers si les produits sont à base d'alcool.

Au n° 294, se trouvent les matières colorantes proprement dites : à l'état sec, elles paient 100 francs par 100 kilos, c'est-à-dire 1 franc par kilo ; à 50 °/o d'eau, elles paient 56 francs par 100 kilos...

Pendant la durée des brevets, les Allemands ont trouvé le moyen de passer à travers les mailles de ce tarif, grâce à leurs usines et en payant la tarification la moins élevée. Pour cela, en effet, ils importaient non pas des matières premières, non pas des matières colorantes finies, mais des produits intermédiaires qu'une simple manipulation pouvait transformer rapidement et à peu de frais en couleurs terminées. De cette façon, au lieu de payer 1 franc par kilo, ils ne payaient que 15 centimes, d'où un bénéfice de 85 centimes.

Pendant ce temps, dans leurs usines allemandes où ils étaient spécialement outillés pour ce travail, ils amélioraient les conditions de fabrication, si bien que, généralement, au bout des quinze années de brevet ils avaient obtenu un prix de revient tel que le tarif douanier maximum, c'est-à-dire celui de 1 franc pour les matières colorantes, ne les gênait plus ; ils fabriquaient alors à si bon compte qu'ils pouvaient dans leurs usines arrêter le travail et faire simplement de celles-ci des agences de réception, de manipulation et de vente de leurs produits fabriqués.

D'autres causes ont encore favorisé pour eux l'augmentation du commerce général des produits chimiques. Ils ont notamment créé ces voyageurs qu'on appelle voyageurs applicateurs, véritables chimistes, chargés non seulement de poursuivre la vente, mais aussi l'utilisation de leurs créations dans les pays étrangers. Ils visitaient la clientèle, travaillaient dans les usines pour montrer aux industriels les avantages de leurs nouveaux produits, la manière de les appliquer, et les y intéresser ; mais en même temps ils observaient le marché, recherchaient dans les usines tous les besoins en produits divers que les industriels pouvaient avoir, si bien qu'ils réunissaient un ensemble dont ils dirigeaient la commande du côté des fournisseurs allemands. C'est ainsi que petit à petit les industriels français ont appris à aller chercher en Allemagne non seulement les matières terminées, mais aussi tous les intermédiaires dont ils pouvaient avoir besoin, et cela au bénéfice du commerce général des produits chimiques d'outre-Rhin.

Telles sont les causes spéciales qui viennent s'ajouter à celles plus générales que nous avons déjà examinées, et qui ont favorisé le développement des matières colorantes en Allemagne et leur exportation en France en particulier. A ces causes d'autres viennent s'ajouter pour notre pays : celle des droits sur l'alcool, sur le sel, etc. Nous les examinerons dans dans nos conclusions générales lorsque nous étudierons les moyens de remédier à l'état de choses que la guerre nous a permis de constater.

Laissons maintenant de côté les matières colorantes et occupons-nous des produits pharmaceutiques. D'ailleurs, ce que nous venons de dire des colorants facilitera notre tâche au sujet de ces derniers produits.

Les produits pharmaceutiques sont de deux origines, d'origine minérale ou d'origine organique. Nous n'avons pas à nous occuper des produits d'origine minérale, dérivés de l'iode, du bismuth, de l'arsenic, du mercure, sels divers, etc... Leur commerce d'exportation nous est jusqu'ici favorable, bien que nous soyons tributaires de l'Allemagne pour le brome, la magnésie et la potasse provenant des mines de Stassfurt. Cette situation ne pourra que s'améliorer avec le retour des mines de potasse d'Alsace à la fin de la guerre.

Pour les produits organiques, nous devons faire un premier départ. Nous mettrons de côté les alcaloïdes : la quinine, la morphine, la cocaïne, la théobromine, la caféine. Ici notre situation est au moins égale à celle de l'Allemagne, parce que, l'une comme l'autre, nous sommes tributaires de l'étranger pour les matières premières. Je note cependant que nous pourrions favoriser en France la fabrication de certains d'entre eux, comme la caféine, la théobromine et les produits analogues à la morphine, en supprimant les droits de douane ou en créant un régime d'admission temporaire sur les débris de thé — payant $2^{f}08$ par kilo — qui sont une source de caféine, sur les débris de cacao — payant 3 et 4 francs — qui sont une source de théobromine, et en créant un régime analogue pour l'opium. Nous mettrions ainsi nos fabriques françaises à parité des fabriques de l'étranger pour la vente à l'exportation.

Ce départ fait, il reste toute une catégorie de produits chimiques qui trouvent, comme les matières colorantes, leur origine dans les carbures tirés du goudron de houille : benzine, naphtaline, anthracène, et auxquels leurs propriétés thérapeutiques ont donné une grande valeur.

Jusqu'en ces derniers temps, un seul des produits dérivés de ces goudrons était utilisé : c'était l'acide phénique, dont les propriétés antiseptiques, remplaçant les propriétés des préparations du coaltar, étaient utilisées en médecine et en chirurgie depuis l'année 1856. Mais les mêmes idées synthétiques qui avaient guidé les découvertes des matières colorantes n'allaient pas tarder à conduire, après les applications déjà données à certains d'entre eux, comme l'acide salicylique, le salol, à rechercher systématiquement des corps dont la médecine pourrait faire usage. Pour ces recherches comme pour leur fabrication, les Allemands étaient particulièrement outillés, puisqu'ils y étaient entraînés par l'expérience acquise dans la fabrication des matières colorantes, qu'ils possédaient le personnel nécessaire, les matières premières et les usines.

Ici encore, la même méthode a donné les mêmes résultats, si bien que, peu à peu, grâce à une réclame sans cesse renouvelée, les produits vendus sous les noms de guerre : antipyrine, aspirine, pyramidon, etc., ont conquis le marché français et les marchés étrangers. Ici également les Allemands ont été favorisés par les lacunes de nos lois concernant la pharmacie, les brevets et marques de fabrique, le tarif douanier, lacunes que nous devons connaître si nous voulons porter remède à cette situation.

La loi sur la pharmacie d'abord. Elle est ainsi faite qu'aucune société, à moins qu'elle ne soit exclusivement composée de pharmaciens français, ne peut exploiter les médicaments, cette exploitation pour les médicaments nouveaux étant interdite tant qu'ils n'ont pas reçu une consécration officielle.

En Allemagne, il n'en est pas de même. Les sociétés quelconques de produits chimiques peuvent fabriquer les médicaments, pourvu que la partie de l'usine qui y est consacrée soit confiée à un pharmacien responsable. De plus, le médecin qui les prescrit étant lui-même seul responsable, les médicaments nouveaux ne sont soumis à aucune autorisation, aucun remède ne pouvant être délivré par le pharmacien sans une ordonnance médicale.

Vous voyez les conséquences de ce parallèle.

D'abord, le pharmacien isolé manque généralement de capitaux; les grandes sociétés, au contraire, ont de grands moyens de fabrication; il est donc certain d'abord que la fabrication des produits pharmaceutiques se développera surtout dans les pays où cette fabrication n'est pas contrariée. L'Allemagne était dans une situation propice, puisqu'elle avait déjà de grandes usines répondant aux besoins mondiaux et possédait des matières premières qui lui permettaient de fabriquer au plus bas prix de revient; enfin elle avait des relations extérieures étendues et des capitaux importants pour lancer les produits dans la clientèle.

La loi des brevets. La loi française dispose que les compositions pharmaceutiques de toute espèce ne sont susceptibles d'aucun brevet. Il est évident qu'une telle législation n'invite pas aux inventions dans ce domaine, puisque toute découverte tombe immédiatement dans le domaine public. Il est vrai que la loi sur les marques de fabrique apporte un remède à cette situation en permettant aux propriétaires de marques d'attirer l'attention sur le nom sous lequel ils ont déposé le produit de leur invention. Mais cette réciprocité est accordée par la loi aux nations étrangères qui ont à ce sujet des accords avec nous et doivent nous accorder chez elles le même traitement, ce qui est le cas pour l'Allemagne.

L'expérience a montré que pour être efficace l'effort de publicité qu'on fait sur une marque doit être prolongé au moins pendant dix années successives. Vous comprenez que cet effort est absolument impossible pour un seul, et qu'il est, au contraire, facile pour des sociétés puissantes comme celles qui existaient en Allemagne; celles-ci ont fini, à force de réclame, par imposer à la France et au monde les noms qu'elles ont donnés à leurs produits.

Au surplus, en France, le régime douanier est venu à l'appui des fabricants allemands.

Les remèdes et produits pharmaceutiques sont repris au tarif aux deux positions des nos 282 et 316.

Au n° 282, on trouve les produits chimiques non dénommés spécialement au tarif payant 5 °/o *ad valorem* plus les droits sur l'alcool lorsqu'ils sont à base d'alcool et lorsque les droits *ad valorem* sont inférieurs à cette dernière taxation.

Au n° 316, on trouve : 1° les médicaments composés figurant dans une pharmacopée officielle et payant 15 °/o sur une valeur déterminée par l'École supérieure de Pharmacie; 2° les médicaments composés non inscrits dans une pharmacopée officielle qui sont prohibés, sauf autorisation par l'École supérieure de Pharmacie.

Vous allez voir comment ce régime favorisait les importations allemandes de produits pharmaceutiques. Tout d'abord, la pharmacopée allemande, dans laquelle sont inscrits les remèdes devenus officiels, est souvent renouvelée et elle est — vous n'en doutez pas — largement ouverte aux nouveaux produits découverts dans les usines allemandes. Il est évident que cette inscription de tout produit nouveau favorisait son introduction en France sous la position du n° 316; mais, à défaut de ce n° 316, les Allemands n'étaient pas gênés. Le n° 282, dont les droits sont moins élevés, leur était souvent plus favorable : ils introduisaient alors les produits pharmaceutiques sous les noms donnés par la nomenclature chimique, puis ils les dirigeaient après passage de la frontière vers leurs usines françaises ; ainsi que j'y faisais allusion tout à l'heure, ils avaient donné là des licences à des pharmaciens installés dans un bâtiment spécial et qui payaient très cher leurs licences en cédant aux usines allemandes une grosse partie de leurs bénéfices. Ces pharmaciens prenaient les produits arrivés en vrac, les mettaient en cachets ou en petites boîtes ; puis là, la diméthyloxyquinizine devenait de l'antipyrine, l'acide acétylsalicylique devenait de l'aspirine, l'hexaméthylène tétramine devenait de l'urotropine, et le tour était joué. Au besoin, pour diminuer l'importance du droit, l'importation se faisait sous une fausse dénomination correspondant naturellement à un produit de moindre valeur, puisque, sous la position du n° 282, les droits de 5 °/ₒ sont appliqués sur la valeur du produit.

C'est ainsi que M. Fourneau, chef de service à l'Institut Pasteur, ayant eu à analyser au début de la guerre des produits pharmaceutiques allemands réquisitionnés, a trouvé, par exemple, que de l'isopral, matière similaire au chloral, qui agit à des doses plus faibles, a été déclaré sous le nom de chloral, du véronal a été déclaré sous le nom de trional et que, sur six produits, trois étaient faussement dénommés.

Vous le voyez, les lois françaises sur la pharmacie, sur les brevets et marques, sur la taxation douanière, s'associaient non seulement pour tuer en France toute initiative en matière de fabrication de produits pharmaceutiques, mais pour aider les Allemands à développer leur fabrication, abaisser leur prix de revient et étendre de plus en plus leur supériorité.

Des réformes s'imposent ici comme dans le cas des matières colorantes, si nous voulons reprendre dans cette voie l'essor qui convient. Nous les examinerons également dans nos conclusions générales.

Je passe à l'industrie des parfums. Cette industrie intéresse particulièrement notre pays; son examen va d'ailleurs nous réconforter un peu, je m'empresse de vous le dire; il se présente sous un jour tout à fait favorable pour nous, parce que, d'une part l'emploi des parfums constitue un de ces métiers de finesse et de goût dans lesquels les ressources des Français sont hors de pair, et, d'autre part, parce que, dès le début du mouvement créé par l'apparition des parfums artificiels, nos industriels ont fait appel aux ressources de la science chimique qui les a aidés à maintenir le rang et le renom qu'ils possédaient déjà de temps immémorial.

La France, à cause de la douceur générale de son climat, est au premier rang des pays producteurs de parfums naturels. Le littoral de la Méditerranée particulièrement, avec ses cultures d'orangers, de citronniers, de fleurs de roses, de jasmins, de tubéreuses, de violettes, est le siège de l'industrie de leur extraction par distillation, par macération ou enfleurage, et par l'emploi des dissolvants volatils.

Les parfums naturels ne sont pas des composés définis. Ce sont des mélanges constitués par des carbures terpéniques, analogues à l'essence de térébenthine, par des alcools, des aldéhydes, des acétones, des éthers de la série grasse ou de la série aromatique, des phénols et des éthers phénoliques. Ce sont des mélanges assez compliqués. Pour vous en donner une idée, nous examinerons par exemple la composition d'un échantillon d'essence de bergamote. Il est constitué par un carbure qu'on appelle le limonène, qui entre pour la proportion de 40 °/₀, par un second carbure, le dipentène, dont la proportion est de 10 °/₀, un troisième carbure, le bergaptène, dont la proportion est de 5 °/₀, un alcool qu'on appelle le linalol, dont la proportion est de 15 °/₀, et enfin un éther acétique de cet alcool, l'acétate de linalol, dont la proportion est de 30 °/₀.

Tous les parfums naturels sont constitués par des mélanges analogues à celui que je viens de vous indiquer pour l'essence de bergamote, et c'est l'ensemble de ces produits qui donne la finesse du parfum.

Si on considère cet ensemble, on y trouve une dominante qui tient à un produit dont l'odeur caractérise le parfum. Ainsi la dominante de l'essence de bergamote est l'acétate de linalol qui est un éther; dans l'essence d'anis, la dominante est un alcool, l'anéthol; dans l'essence de citron, la dominante est fournie par une aldéhyde qu'on appelle le citral; pour l'essence de néroli, la dominante est fournie par un éther qu'on appelle l'anthranilate de méthyle.

Ceci vous montre que, si on veut réaliser la synthèse des parfums, on peut y parvenir par deux moyens : on peut faire ce qu'on appelle la synthèse totale, c'est-à-dire mélanger dans les proportions voulues les différents constituants préparés d'avance, soit par la voie chimique, soit par extraction d'autres parfums de valeur inférieure qui les contiennent. Si l'on possède, par exemple, du limonène, du dipentène, du bergaptène, du linalol et de l'acétate de linalol, il suffit de les mélanger dans les proportions que j'ai indiquées pour reproduire un échantillon d'essence de bergamote. C'est ainsi qu'on trouve dans le commerce de l'essence de néroli synthétique, de l'essence d'ylang-ylang, de l'essence de muguet, de l'essence d'œillets préparées par ce procédé.

Ou bien on peut faire une synthèse partielle en reproduisant ce que nous avons appelé la dominante, c'est-à-dire la caractéristique du parfum. C'est cette méthode de synthèse qui constitue l'industrie des parfums synthétiques, des parfums artificiels.

Il y a une quarantaine d'années, on ne connaissait que deux parfums artificiels : l'aldéhyde benzoïque, qui reproduit l'essence d'amandes amères, et le salicylate de méthyle qui reproduit l'essence de wintergreen.

Aujourd'hui, l'application des réactions chimiques, comme dans la recherche des matières colorantes et des produits pharmaceutiques, en a fait découvrir de nombreux. Cela est si vrai que cette industrie en Allemagne s'est développée parallèlement avec l'industrie des produits pharmaceutiques et l'industrie des matières colorantes.

Voici, à ce sujet, quelques indications pour

fixer votre esprit : l'aldéhyde salicylique représente l'odeur de la reine des prés ; l'aldéhyde anisique, l'odeur de l'aubépine ; l'aldéhyde pipéronylique, l'odeur de l'héliotrope ; l'aldéhyde cinnamique, l'odeur de la cannelle ; l'aldéhyde phénylacétique, l'odeur de la jacinthe ; l'acétate de benzyle, l'odeur du jasmin ; l'anthranilate de méthyle, l'odeur du néroli ; l'ionone, l'odeur de la violette, etc...

A ce propos, beaucoup d'erreurs ont été commises et répandues à l'apparition de ces produits. On les a surtout représentés comme de la camelote allemande, faussant notre goût personnel et devant ainsi nuire à notre production de parfums naturels. Il n'y a rien de plus faux que cette interprétation. Les parfums naturels en effet ne sont que des matières premières de la parfumerie ; ils servent en mélanges à constituer des extraits, des bouquets, des eaux, des pommades, à aromatiser des savons. Vous savez également que nos spécialistes excellent dans leur emploi, soit pour mettre en valeur la finesse du produit, soit même pour créer des parfums nouveaux.

Les parfums artificiels ont une odeur trop violente pour pouvoir être employés seuls ; ils ne peuvent servir qu'en association, soit avec des parfums naturels pour harmoniser ceux-ci, soit pour constituer des produits originaux. Ces parfums ont l'avantage de se préparer industriellement et par conséquent à bas prix, ce qui n'existe pas pour les parfums naturels, dont quelques-uns, les plus fins, coûtent très cher... Le mélange des parfums naturels et des parfums artificiels a donc pu permettre d'abaisser le prix d'un grand nombre de préparations, d'atteindre, par conséquent, une nouvelle couche de consommateurs, de démocratiser, pour ainsi dire, le parfum, comme la vanilline avait permis de fabriquer à plus bas prix des confiseries ou des pâtisseries, la gousse de vanille étant d'un prix considérable par rapport à la vanilline qui en constitue la dominante artificielle.

Comme conséquence de cet état de choses, il est résulté une augmentation de la consommation générale des parfums, qui a conduit à une augmentation de la consommation des parfums naturels et par suite à une augmentation des bénéfices réalisés par la culture et la distillation des fleurs dans notre pays. C'est là un nouvel exemple de ce que peut la science, dans son application bien comprise aux progrès de l'industrie et, par suite, à l'augmentation de la richesse nationale. Il faut rendre hommage ici aux industriels français, à certains chimistes qui, dès le début, ont compris l'importance qu'allaient avoir les parfums synthétiques dans les préparations de parfumerie et en ont développé progressivement la production dans notre pays. Aujourd'hui la fabrication a lieu dans huit usines en France contre douze en Allemagne, dont un certain nombre sont annexées à la fabrication des matières colorantes et des produits pharmaceutiques, quatre usines en Suisse et deux en Hollande.

Il est assez difficile de faire une statistique du commerce d'exportation de nos parfums synthétiques, parce qu'ils peuvent être, dans notre tarif douanier, déclarés à des numéros différents. C'est là une lacune à laquelle il serait nécessaire de remédier soit par des numéros spéciaux, soit par une déclaration unique faite par les industriels qui jusqu'ici choisissent à leur volonté. Ces parfums peuvent, en effet, être exportés comme produits chimiques, comme préparations de parfumerie ou comme colis postaux. Dans la statistique douanière, les colis postaux sont évalués en bloc, et vous savez que souvent ils représentent beaucoup de valeur sous un faible poids. Il s'ensuit qu'il est à peu près impossible de fixer notre commerce d'exportation pour ces produits. Mais un des chimistes les plus compétents dans cet ordre d'idées, M. Justin Dupont, a fixé ce commerce d'exportation de 25 à 30 millions de francs, ce qui est déjà considérable pour une fabrication spéciale comme celle-là.

Il faut dire aussi que les chimistes et les industriels adonnés à ces fabrications ont fait tout le nécessaire pour aller conquérir la clientèle de l'extérieur, imitant en cela les industriels allemands. Je me souviens, lorsque je partais en Amérique représenter le Conservatoire des Arts et Métiers au Congrès international de Chimie appliquée, en 1912, avoir trouvé sur le bateau les représentants français de cette industrie, faisant route pour l'Amérique afin de visiter la clientèle des États-Unis, et je puis de plus vous assurer qu'il ne se passe guère d'année où ils n'entreprennent de semblables voyages, de façon, non seulement à maintenir la valeur de leurs maisons, mais à en augmenter autant que possible les débouchés. J'avais donc raison de dire, au début de cette étude sur ces parfums synthétiques, que leur industrie et leur commerce, grâce à l'application de ces méthodes, étaient tout à fait favorables à notre pays. Et, par comparaison, cela nous permet de dire que, si nous appliquons les mêmes procédés à la préparation des produits chimiques en général, des matières colorantes et des produits pharmaceutiques que nous examinons d'une façon plus spéciale ce soir, rien ne s'oppose à ce que nous obtenions les mêmes résultats. C'est donc un encouragement que nous tirons de ce dernier examen concernant les parfums synthétiques et dont il faut remercier les industriels pour l'exemple qu'ils ont donné ainsi à notre pays. D'ailleurs, la situation de cette industrie ne peut que s'améliorer dans l'avenir si nous tenons compte des conditions dont nous avons parlé pour les produits pharmaceutiques et les matières colorantes, au point de vue des matières premières.

En effet, ici encore les matières premières sont les mêmes et leur grande source se trouve dans les carbures dérivés du goudron de houille. Si donc nous perfectionnons en France l'extraction de ces carbures, nous pourrons mettre à la disposition des fabricants de parfums artificiels des matières premières à bon marché, qui leur permettront de lutter contre les industriels allemands pour des parfums artificiels de grande production, comme l'aldéhyde benzoïque, l'acétate de benzyle, qui sont surtout fournis par les Allemands parce que ceux-ci ont à bon compte les dérivés du goudron.

Si nous développons aussi la fabrication des autres produits chimiques qui servent à traiter ces carbures pour les transformer en parfums, c'est-à-dire l'acide sulfurique, le chlore, le brome, la potasse, la soude, etc., nous rendrons plus facile encore la situation de cette industrie après la guerre.

D'autres modifications d'ordre général — car ici notre législation ne présente pas les défauts spéciaux que nous avons trouvés pour les matières étudiées précédemment — pourront encore venir à l'appui de cette fabrication, notamment la réforme de la législation de l'alcool et des brevets, questions qui, bien réglées, contribueront pour leur part à aider à l'extension de cette industrie. Comme ces questions regardent également les matières colorantes et les produits pharmaceutiques, nous les examinerons dans nos conclusions générales.

Telles sont les conditions spéciales dans lesquelles se sont trouvées placées, en Allemagne et en France, pour leur évolution respective, les industries des matières colorantes, des produits pharmaceutiques et des parfums synthétiques.

A côté de ces conditions, il en existe d'autres plus générales que nous examinerons dans nos conclusions en essayant de faire le bilan des erreurs personnelles que nous devons réparer dans nos lois comme dans nos mœurs industrielles et commerciales, si nous voulons reprendre notre marche vers de nouveaux progrès.

Cependant, avant d'en arriver là, il nous reste encore à épuiser le sujet des fabrications modernes en examinant la question des explosifs et des engrais, qui se rattachent d'un côté au même cycle industriel et de l'autre côté à l'utilisation comme matières premières des gaz de l'atmosphère, de l'azote en particulier. Ce sera l'objet de notre prochaine conférence.

TROISIÈME CONFÉRENCE [1]

L'utilisation des gaz de l'atmosphère à la fabrication synthétique de l'acide nitrique et des engrais azotés. — Sa répercussion sur la production allemande des explosifs de guerre.

MESDAMES, MESSIEURS,

Dans mes deux conférences précédentes je vous ai montré le lien qui existe entre la production du goudron de houille et de ses dérivés et les industries modernes de matières colorantes, de produits pharmaceutiques et de parfums synthétiques. Je vous ai montré particulièrement comment cet ensemble a pris en Allemagne un développement considérable non seulement en raison de l'esprit méthodique qui y a présidé, mais aussi grâce à l'inertie des pays étrangers, à notre inertie propre et aux lacunes de notre organisation économique dont nos ennemis ont su largement profiter. Ma tâche cependant n'est pas encore terminée et, avant de rechercher les remèdes spéciaux à apporter à la situation que je viens d'établir, il me reste à vous parler de l'application des dérivés de la houille à la fabrication des explosifs de guerre, étude particulièrement intéressante à l'heure actuelle. Cette fabrication devant faire appel elle-même à d'autres ressources, vous aurez ici un nouvel exemple de l'équilibre qui doit exister entre les diverses industries chimiques,

(1) Conférence faite au Conservatoire national des Arts et Métiers, le jeudi 20 janvier 1916.

de l'entraînement réciproque qu'elles se communiquent lorsque cet équilibre vient à se déplacer; vous y apprendrez aussi comment une nation comme l'Allemagne, lorsque ses mœurs industrielles l'ont rompue à cette tâche, peut triompher des embarras que l'isolement lui crée en supprimant une grande partie des ressources qui lui parvenaient de l'étranger. Vous ferez en même temps connaissance avec des synthèses nouvelles, dont l'application industrielle, déjà en puissant développement avant la guerre, ne peut, comme je vous le disais précédemment, que grandir avec les bienfaits de la paix.

Les explosifs qui nous intéressent sont de deux ordres : les explosifs proprement dits et les poudres. Occupons-nous des explosifs proprement dits qui remplissent les obus de tout calibre.

Ils tirent leur origine de deux sources : le goudron de houille et l'acide nitrique.

Un des plus intéressants est l'acide picrique dont voici un échantillon. L'acide picrique, dérivé de la benzine, est le phénol trinitré. Il peut être fabriqué directement en partant du benzol ou du phénol extrait, comme je vous l'ai montré précédemment, au cours de la distillation du goudron de houille. Par réaction de l'acide nitrique, on obtient le trinitrophénol ou acide picrique. L'acide picrique fondu constitue la mélinite française, la lyddite anglaise, la bellite italienne, la picrinite espagnole et la *Sprengmunition 88* allemande.

Un autre carbure, dont je vous ai déjà parlé, le toluène, peut aussi donner un phénol qui s'appelle crésol. Ce crésol, traité par l'acide nitrique dans des conditions spéciales, donne aussi un trinitrocrésol analogue au trinitrophénol. Ce produit constitue la crésylite que l'on emploie soit seule, soit plus généralement mélangée en proportions déterminées avec la mélinite.

Le toluène lui-même, traité par l'acide nitrique dans des conditions de nitration progressive, donne finalement le trinitrotoluène qui constitue la tolite française, le trotyl anglais, la trilite espagnole et la *Sprengmunition 02* allemande.

La naphtaline, que nous avons aussi appris à extraire par distillation et purification du goudron de houille, traitée par l'acide nitrique, donne un dérivé binitré, la binitronaphtaline qui entre avec le nitrate d'ammoniaque en mélange dans la composition des explosifs dits de Favier. Lorsque la binitronaphtaline est mélangée avec le chlorate de potasse, elle constitue un autre explosif dont vous avez entendu prononcer le nom, la cheddite.

Voilà les explosifs principaux que nous avons à considérer, puisqu'ils utilisent les matières premières dérivées du goudron de houille dont nous avons parlé dans nos dernières réunions.

Pour lancer les obus qui contiennent ces explosifs puissants, il faut ce qu'on appelle en terme général de la poudre. Autrefois, c'était la poudre noire composée de nitrate de potasse ou salpêtre mélangé au soufre et au charbon. Aujourd'hui, c'est la poudre dite sans fumée ; la matière constitutive de cette poudre est la cellulose, en particulier la cellulose représentée par le coton amené à l'état de pureté. Lorsqu'on traite la cellulose de coton par l'acide nitrique dans des conditions déterminées, il se constitue un mélange de dérivés nitrés qui est le fulmicoton; ce dernier est gélatinisé au moyen de dissolvants appropriés et il donne une poudre qui constitue la poudre dite sans fumée.

Voici de la poudre noire; je l'étale sur une assiette et je l'enflamme : vous le voyez, la déflagration est instantanée.

Voici du fulmicoton; j'approche une flamme et le fulmicoton brûle instantanément.

Voici de la poudre sans fumée extraite d'une cartouche; je la dispose sur cette assiette en formant un assez long cordonnet; j'enflamme l'extrémité gauche : la poudre brûle lentement, la flamme se propageant de gauche à droite.

Le fulmicoton et la poudre noire sont des explosifs brisants. Une explosion, c'est une vitesse de décomposition. Dans la poudre B, celle-ci est progressive, et, pour obtenir une détonation, une déflagration instantanée, il faut — ce qui n'arrive ni dans le cas du fulmicoton ni dans le cas de la poudre noire — une pression et une température déterminées.

Pour fabriquer l'ensemble des produits nécessaires au chargement des engins de guerre, il est nécessaire de posséder les matières premières suivantes : le goudron de houille qui fournit le benzol, le toluène et la naphtaline; la cellulose, constituée principalement par le coton; l'acide nitrique.

Au sujet des goudrons, votre instruction est complète. Je vous ai montré par des statistiques que les Allemands en possédaient des quantités considérables, supérieures à celles dont les Alliés pouvaient disposer au moment de la guerre.

Pour le coton, vous savez qu'on a commis l'erreur de ne pas le déclarer contrebande de guerre dès le début et que l'Allemagne, outre les stocks qu'elle avait certainement accumulés, a pu s'en procurer facilement. Les derniers renseignements que nous possédons sur la façon dont le blocus est établi par suite de la complaisance des neutres, donnent à penser qu'il n'est pas certain que même à l'heure actuelle le coton ne pénètre pas encore en Allemagne. J'ajoute que si même ce coton venait à manquer, je ne suis pas sûr que les Allemands n'arrivent pas à trouver dans d'autres celluloses, notamment dans la cellulose du bois, la matière première nécessaire à la fabrication des poudres sans fumée destinées à charger leurs cartouches ou les gargousses de leurs obus.

Reste l'acide nitrique. C'est précisément le problème que je veux examiner aujourd'hui devant vous.

Jusqu'en ces derniers temps, cet acide était extrait du nitrate de soude par l'action de l'acide sulfurique ; en chauffant, dans des conditions déterminées, le nitrate de soude avec l'acide sulfurique, on obtient un liquide qui constitue l'acide nitrique à un degré plus ou moins haut de concentration.

Le nitrate de soude consommé dans le monde provenait des mines du Chili. La richesse probable de ces mines est d'environ 1 milliard de tonnes, la richesse contrôlée à ce jour et dont l'exploitation est à pied d'œuvre, représente environ 250 millions de tonnes. La consommation mondiale de nitrate de soude s'élève à 2.500.000 tonnes, sur lesquels l'Europe consomme 1.900.000 tonnes. Sur ce dernier chiffre, la France a importé, en 1912, 344.348 tonnes et l'Allemagne 784.790 tonnes, soit près de 800.000 tonnes.

Une partie de ce nitrate va à l'industrie : industrie de l'acide nitrique, de l'acide sulfurique, industrie de la verrerie, des explosifs, de la fabrication du salpêtre de potassium. La quantité consommée en France industriellement représente environ 40.000 tonnes, tandis qu'en Allemagne elle représente 240.000 tonnes, chiffre qui vous montre l'importance de l'industrie chimique allemande, puisque, comparativement à l'industrie française, elle consommait six fois plus de nitrate de soude.

Pour trouver le nitrate qui lui est nécessaire pendant la guerre, la France n'a pas été embarrassée, puisqu'elle a la maîtrise de la mer et que les bateaux de nitrates provenant du Chili peuvent facilement parvenir jusque dans ses ports. L'Allemagne, de ce côté, il faut le dire, a été complètement isolée par le blocus et cependant sa fabrication d'explosifs n'a pas chômé. Vous le savez d'autant mieux qu'il y a quelques mois elle a pris contre nos alliés russes une offensive énergique, qu'elle a jeté sur ce front des quantités d'obus de tout calibre et que, grâce à cet arrosage, elle a pu faire reculer l'armée russe jusqu'à plusieurs centaines de kilomètres à l'intérieur du pays.

S'il vous fallait des chiffres précis, je me reporterais à un discours prononcé le 20 décembre dernier par le ministre des Munitions anglais, M. Lloyd George, qui disait : « En mai dernier, la production allemande était de 250.000 obus par jour, tandis que la production anglaise atteignait péniblement 2.500 obus explosifs et 13.000 shrapnells. » Certes, la production anglaise, de même que la production française, n'est plus aujourd'hui comparable à ces chiffres du mois de mai, et nous devons nous en louer, bien qu'il reste encore fort à faire à ce sujet. Mais il faut bien que vous considériez aussi que la production allemande de 250.000 obus par jour n'est pas restée ce qu'elle était, et que, si j'en crois les derniers chiffres qui m'ont été communiqués, elle atteint aujourd'hui près du double de ce qu'elle était à cette époque.

Par quels procédés l'Allemagne a-t-elle pu faire face à ses besoins d'acide nitrique, besoins considérables, vous le voyez, et qu'elle doit continuer sans cesse à alimenter sous peine de capitulation ? C'est ce qu'il nous faut chercher. Nous allons donc résoudre le problème qui s'est posé devant elle : le moyen d'avoir de l'acide nitrique quand on n'a pas de nitrate de soude à sa disposition.

Le nitrate de soude, comme vous pouvez le voir en faisant la différence des chiffres que je vous ai cités, ne va pas tout entier à l'industrie qui n'en consomme qu'une part relativement infime. Une grande quantité, en effet, est utilisée par l'agriculture. La raison en est bien simple : les aliments que nous consommons contiennent des matières azotées, des matières albuminoïdes, comme on dit : la chair musculaire des animaux est presque exclusivement constituée par de la matière azotée; l'albumine de l'œuf est un autre type de ces matières, le gluten des céréales, qui communique à la farine de blé ses propriétés de panification, en est également un représentant végétal.

Comment ces matières prennent-elles naissance? L'azote, qui est la base constitutive de ces produits, se transforme facilement en ammoniaque et de là en sels ammoniacaux, en sulfate par exemple. Les sels ammoniacaux, lorsqu'ils sont enfouis dans le sol, y rencontrent toute une flore microbienne et en particulier deux ferments, le ferment nitreux et le ferment nitrique, qui agissent pour transformer progressivement l'ammoniaque en acide nitrique. L'acide nitrique dans le sol même se transforme en nitrates : nitrate de chaux, nitrate de potasse, dont il trouve les éléments dans la terre arable; ces nitrates sont ensuite directement absorbés par les plantes en voie d'accroissement; lorsque ceux-ci ont ainsi pénétré dans les cellules de la plante, peu à peu, par un processus biologique, ils se transforment en matières azotées, en matières albuminoïdes que la récolte met ensuite à notre disposition.

Ainsi l'acide nitrique qui intervient dans la fabrication des explosifs peut donner d'autre part naissance aux produits dont nous nous nourrissons. La vie et la mort, vous le voyez, ont ici la même origine.

L'année dernière, certaines personnes, plus ou moins documentées, affirmaient que les Allemands ne pourraient pas résoudre les difficultés en face desquelles ils allaient se trouver placés par suite du blocus de leurs côtes qui allait les priver du nitrate nécessaire à la fabrication de leurs explosifs et aux besoins de leur agriculture. Déjà, à cette époque, je vous ai mis en garde contre une semblable affirmation qui ne tenait pas compte de certains faits déjà acquis avant la guerre. Vous comprendrez encore mieux tout à l'heure combien ma prévoyance, justifiée par les événements, était de sagesse prudente.

C'est l'étude des procédés qui ont permis à nos ennemis de se tirer d'embarras qui constitue le problème que je veux traiter aujourd'hui devant vous. Ce problème se pose de la façon que je vous indiquais il y a un instant : comment, en l'absence de nitrates, peut-on se procurer de l'acide nitrique ?

La première condition est d'avoir des matières premières en abondance : l'azote, l'oxygène, l'eau. Pour l'eau, la question ne se pose pas; pour l'azote et l'oxygène, il en existe un réservoir inépuisable dans l'atmosphère, puisque l'air que nous respirons est composé d'azote pour soixante-quinze parties et d'oxygène pour vingt-cinq parties. De cet azote et de cet oxygène, nous pouvons, si nous le voulons, disposer directement. Nous pouvons aussi, par des procédés qui sont aujourd'hui industriels, passer par l'intermédiaire de l'air liquéfié. Nous savons aujourd'hui distiller l'air que nous avons liquéfié comme nous distillions l'autre jour le goudron de houille et, par distillation fractionnée, en séparer d'une part l'azote et d'autre part l'oxygène.

Le problème des matières premières est donc le même pour toutes les nations, et les Allemands disposent des ressources atmosphériques comme nous pouvons en disposer nous-mêmes.

Mais une deuxième condition est nécessaire. Lorsqu'on a de l'azote et de l'oxygène à sa disposition, il faut savoir les combiner utilement et, bien entendu, les combiner d'une façon industrielle, c'est-à-dire de manière à pouvoir se procurer des quantités considérables des produits résultants.

Si on combine directement l'azote et l'oxygène de l'air, on obtient de l'acide nitrique. Mais le problème peut aussi se présenter sous une autre forme. Je vous ai montré que l'ammoniaque, sous forme de sels, lorsqu'elle est enfouie dans le sol, s'y transforme en acide nitrique par une sorte de fermentation spéciale. Disposons-nous d'ammoniaque industrielle et pouvons-nous, dans des appareils, industriels également, faire le même travail que les microbes ? Telle est une des faces sous lesquelles nous devons examiner la question posée devant nous.

Vous savez — j'y ai déjà fait allusion — que nous possédons des sels ammoniacaux en quantité assez considérable. La production allemande du sulfate d'ammoniaque provient, comme la nôtre, de trois ordres d'industrie : la fabrication du gaz d'éclairage, la fabrication du coke métallurgique, la distillation des eaux-vannes qui sont les produits des déjections humaines. Cet ensemble avait permis de fabriquer, en 1912, 465.000 tonnes de sulfate d'ammoniaque; en 1913, cette production s'est élevée à 550.000 tonnes. La production anglaise est de 370.000 tonnes, la production française de 68.500 tonnes seulement.

Mais nous n'avons pas intérêt à employer ce sulfate d'ammoniaque par la simple raison que, pour le transformer en nitrate, il faudrait que nous dépensions de l'argent. Mis dans le sol, il va s'y transformer naturellement sans aucune dépense pour nous. Ce n'est donc pas à cette source qu'en temps de paix particulièrement nous aurions besoin de nous adresser pour la fabrication des engrais nitrés.

Mais nous pouvons nous poser un autre problème : ne pouvons-nous pas fabriquer de toutes pièces de l'ammoniaque en partant de l'azote et de l'hydrogène qui en sont les principes constitutifs et en les soudant l'un à l'autre par synthèse? Nous disposons de l'azote de l'atmosphère; nous disposons d'autre part de procédés industriels qui nous permettent d'avoir de l'hydrogène à bon compte. Si donc nous pouvons, soit directement, soit indirectement unir l'hydrogène à l'azote, en d'autres termes faire la synthèse de l'ammoniaque, nous n'aurons qu'à dissoudre cette ammoniaque dans un acide comme l'acide sulfurique; nous fabriquerons ainsi du sulfate d'ammoniaque et le problème des engrais azotés sera résolu.

Mais nous pouvons aussi traiter industriellement l'ammoniaque obtenue par l'oxygène de l'air; si nous possédons de bons moyens pour cette opération, nous aurons ainsi indirectement oxydé l'azote et nous l'aurons, comme résultat final, transformé en acide nitrique.

Ainsi donc, deux procédés s'offrent à nous : la synthèse directe de l'acide nitrique en oxydant l'azote par l'oxygène ou la synthèse indirecte en passant par l'ammoniaque comme produit intermédiaire. Il ne reste plus qu'à comparer le coût des deux procédés afin de choisir celui qui, économiquement, se prête le mieux aux contingences devant lesquelles on se trouve placé suivant les pays où l'installation doit avoir lieu.

Donc, à cause de l'acide nitrique qui est un facteur commun, le problème des explosifs et des engrais, de la vie et de la mort, se trouve être le même, et c'est à ce double point de vue que nous devons l'examiner. Nous commencerons d'abord par la synthèse directe de l'acide nitrique.

Pendant longtemps l'azote a été réputé réfractaire à toute combinaison. Les progrès de la science ont montré que cette propriété n'est qu'apparente et que, pour entraîner les réactions de l'azote, il suffit de porter le mélange des produits réagissants à une température suffisante, généralement assez élevée. L'étincelle électrique, mieux encore l'arc électrique comme celui qui, jaillissant entre deux charbons, éclaire nos boulevards et nos rues et dont la température atteint environ 3.500°, convient parfaitement à ce genre de réactions. Ne croyez pas cependant qu'à son contact l'azote et l'oxygène de l'air vont donner directement de l'acide azotique. Non ; il y a des intermédiaires. Le premier est le gaz incolore qui remplit cette éprouvette et qu'on appelle bioxyde d'azote ou oxyde azotique ; c'est lui qui se forme d'abord dans la réaction d'oxydation ; mais comme il se trouve en présence d'un excès d'air ou d'un excès d'oxygène, il va se transformer immédiatement en peroxyde d'azote ainsi que je puis facilement vous le montrer, la couleur de ce gaz étant rouge orangé. J'introduis un peu d'air dans l'éprouvette contenant l'oxyde azotique : vous voyez se développer une magnifique coloration rouge orangé et se former ces vapeurs dites nitreuses qui se dégagent en abondance et constituent le second des produits intermédiaires. Ce produit remplit le flacon que je mets sous vos yeux ; je l'ouvre, ce flacon, et j'y verse une petite quantité d'eau, j'agite et instantanément la couleur disparaît et le vide se fait dans le flacon ; si nous analysions le liquide qui est maintenant au fond, nous le trouverions constitué par une solution d'acide nitrique.

Tout cela paraît simple et le serait réellement s'il ne fallait s'occuper des questions de rendement. Ici, deux facteurs sont à envisager. A l'aide de ce dispositif électrique nous pouvons déterminer le premier.

Ces deux charbons en communication avec un dispositif électrique vont nous permettre de faire jaillir un arc simple. Mais en disposant ces charbons entre les deux pôles d'un électro-aimant qui agit dans un sens perpendiculaire à leur direction, on obtient ce qu'on appelle un arc soufflé ; dans le cas d'un courant alternatif, comme celui dont nous disposons dans cette salle, on voit en effet l'arc prendre la forme d'un disque plat qui, ici, n'a pas loin de 15 centimètres de diamètre. Le bruit spécial qui accompagne sa formation vous montre qu'il s'agit bien d'un dispositif dit de soufflage (*fig. 1*).

Vous comprenez la raison de ce dispositif. Un arc très court jaillissant simplement entre deux charbons n'agirait que sur une masse gazeuse insignifiante ; si on le souffle, il s'étale sous forme d'un disque plat d'un diamètre d'autant plus grand que la puissance électrique est plus forte, et cette extension permet l'action sur une grande masse gazeuse à la fois. C'est ainsi que pour une énergie de 1.000 kilowatts, on a un disque plat de 3 mètres de diamètre. Ce dispositif est celui du physicien norvégien Birkland; c'est grâce à lui que l'on a obtenu l'une des premières synthèses industrielles de l'acide nitrique.

On peut également adopter un deuxième dispositif : celui de Schönherr (*fig. 2*), qui consiste à faire jaillir à la base d'un tube un arc électrique en même temps qu'une buse inclinée envoie de l'air ou de l'azote par la partie inférieure. On voit alors l'arc prendre un mouvement hélicoïdal et s'allonger de façon à remplir complètement le tube, permettant ainsi un contact intime et prolongé entre les gaz réagissants. Avec une puissance de 450 kilowatts, on obtient une flamme de 5m 50 de longueur... C'est le dispositif qui a été adopté par la Badische Anilin et qu'elle a appliqué à l'usine de Christiansand où elle fabrique soit de l'acide nitrique, soit du nitrite de soude destiné à l'industrie des matières colorantes.

Enfin il existe un troisième dispositif. Si, au lieu de prendre deux électrodes rectilignes, on fait jaillir l'arc entre deux électrodes en forme de cornes et qu'on fasse arriver à la base le courant gazeux, l'arc prend la forme d'un éventail dont la grande surface permettra également l'action sur une grande quantité de gaz. C'est le système de Guye et Naville appliqué près de Genève. C'est aussi le procédé de Pauling (*fig. 3*), appliqué à Gelsenkirchen par la Salpetersäure

Aktiengesellschaft. Ce procédé est assez économique, puisque cinq arcs alimentés seulement par 50 kilowatts donnent une flamme d'une longueur de 5 mètres.

Mais ce n'est pas tout de savoir produire une flamme très active, il faut savoir l'utiliser. L'étude chimique montre, en effet, que si une haute température est nécessaire pour former l'oxyde azotique, matière première de l'acide azotique, la même température décompose ce gaz en ses éléments s'il est maintenu trop longtemps à son contact. Il faut donc le refroidir aussitôt formé ; de là la nécessité d'un courant continu de gaz qui entraîne rapidement les produits de la réaction dans la région froide des appareils où nous allons les retrouver.

Cet examen vous fait prévoir que ces procédés, qui absorbent beaucoup de chaleur, demandent une grande consommation d'énergie électrique. Théoriquement, un kilowatt-heure devrait donner 2.520 grammes d'acide azotique ; pratiquement, il donne 63 à 65 grammes, c'est-à-dire 550 à 600 kilos d'acide azotique par an. C'est un rendement faible, puisqu'il n'atteint pas plus de 4 à 5 %. Aussi, pour qu'on puisse utiliser ce système, il faut de l'électricité à bon compte et pour cela, il faut disposer de chutes d'eau importantes. Plus l'importance de ces chutes sera grande pour un rayon déterminé, plus la fabrication sera économique, les frais d'aménagement et d'entretien s'abaissant au fur et à mesure qu'augmente la puissance dont on dispose.

La Norvège avec ses grands pluviomètres, ses lacs élevés servant de régulateurs, était particulièrement désignée pour une semblable installation. C'est ce pays qu'a choisi la Société norvégienne de l'Azote, fondée sous l'impulsion de la Banque de Paris et des Pays-Bas, avec des capitaux français, pour y installer et y faire réussir la première synthèse industrielle de l'acide nitrique, ouvrant ainsi dans cette voie un champ nouveau à l'activité humaine.

La Société dispose, dans les chutes de Swœlgfos-Notodden, Ryukan-Saaheim, Wamma, Tin et Matre, toutes voisines les unes des autres, de 525.000 HP dont 300.000 au moins sont actuellement en fonctionnement. Examinons, à l'aide de projections, l'installation d'une de ces chutes.

Nous voici en Norvège (*fig. 4 et 5*), à l'usine utilisant la première chute de Ryukan. L'eau du lac Möswand est amenée par un tunnel au château d'eau qui est à la partie supérieure, à la vitesse de 50 mètres cubes par seconde. De ce château d'eau partent dix tubes communiquant avec dix turbines de 14.000 HP chacune, qui font mouvoir les alternateurs électriques qui expédient le courant à l'usine de Saaheim située à une distance de 5 kilomètres. Lorsque l'eau sort des turbines, elle est reprise par une installation semblable, de sorte qu'elle peut fournir de nouveau, à une altitude inférieure, plus de 100.000 chevaux.

Voici les fours, système Birkland (*fig. 6*), à l'intérieur desquels se produit le disque de flamme électrique, fours de 1.000 et même de 4.000 kilowatts, parcourus par un courant d'air de 25 mètres cubes à la minute.

Voici (*fig. 7*) les tubes de grosse dimension du système Schönherr, à la base desquels jaillit l'arc et qui sont traversés par le courant d'air.

A la sortie de ces fours, nous retrouvons les gaz chargés de peroxyde d'azote destiné à donner l'acide azotique. Ces gaz sortent à 3.000°, il faut très rapidement les abaisser d'abord à 800° afin d'éviter leur décomposition, puis les amener à 50 ou 60° pour qu'ils soient propres aux réactions donnant l'acide azotique. Durant cet abaissement de température, la chaleur perdue sert naturellement à chauffer de l'eau qu'on transforme en vapeur utilisée dans l'usine, ce qui correspond, par conséquent, à une récupération d'une partie de la force.

Les gaz sont ensuite traités par l'eau dans une succession de tours, généralement en granit. Dans ce passage méthodique à travers ces tours, le peroxyde d'azote se transforme en acide azotique, si bien qu'à la base de la dernière on recueille un acide qui titre 25 à 33° Baumé. On peut ensuit, concentrer cet acide azotique par des procédés spéciaux, de façon à obtenir un acide plus fort et qui, porté jusqu'à 48°, permettra la fabrication des explosifs. On peut aussi le faire réagir sur la chaux ou sur l'ammoniaque et former du nitrate de chaux qui constitue un engrais dont la valeur est égale à celle du nitrate de soude, ou bien du nitrate d'ammoniaque qui lui-même constitue un explosif.

La portion des gaz qui n'a pas été absorbée par les tours en granit est traitée par des solutions alcalines ; on obtient ainsi un mélange de nitrate et de nitrite qu'on peut séparer ; le nitrite de soude ainsi obtenu sert à la fabrication des couleurs et en particulier à la fabrication des couleurs dites azoïques dont je vous ai parlé.

On peut aussi, par un procédé imaginé par mon collègue, M. Schlœsing fils, prendre les gaz à la sortie des fours, les envoyer sur de la chaux éteinte chauffée à la température de 300° : on obtient directement du nitrate de chaux.

Ainsi, les procédés d'utilisation de l'arc électrique ont reçu une sanction industrielle; ils livrent à l'industrie soit de l'acide nitrique, soit des nitrites destinés à l'industrie des couleurs, soit des nitrates comme le nitrate d'ammoniaque qui est un explosif, soit du nitrate de chaux dont la valeur comme engrais est aujourd'hui pleinement démontrée. Déjà, en 1913, on évaluait à 140.000 tonnes la production en nitrate de chaux des usines norvégiennes. Si on tient compte de la puissance des chutes qu'on aménage en ce moment en Norvège et du rendement actuel, cette production peut s'élever à 235.000 tonnes d'acide nitrique réel correspondant à 310.000 tonnes de nitrate de chaux pur, et ceci en supposant que le rendement, qui est encore faible, ne soit jamais amélioré.

Ces chiffres vous montrent l'importance économique que présentent pour l'avenir les procédés de synthèse de l'azote nitrique; mais comme la question, envisagée à ce point de vue, forme un tout avec les procédés de synthèse de l'azote ammoniacal, nous l'examinerons spécialement comme conclusion de l'étude que nous poursuivons en ce moment.

Il existe encore deux procédés de synthèse de l'acide nitrique dont je vous dirai seulement quelques mots. C'est d'abord le procédé Häusser qui utilise le gaz d'éclairage mélangé d'air ou d'oxygène sous pression, et dont on provoque l'explosion par l'étincelle électrique; la température produite par cette explosion est suffisante pour oxyder l'azote et donner du peroxyde, lequel peut être transformé, comme nous venons de le voir, en acide azotique. Le procédé paraît plus intéressant lorsqu'il est appliqué au traitement des gaz des fours à coke. C'est ainsi qu'on l'a appliqué à Hamm en Westphalie en traitant les gaz de l'usine de Wendel. Déjà, avant la guerre, ces gaz, qui fournissent 4.100 calories par mètre cube, étaient utilisés et donnaient, en y ajoutant un tiers d'oxygène, 170 grammes d'acide nitrique. On a calculé que les 240 millions de mètres cubes de gaz des fours à coke allemands pourraient ainsi fournir, par l'application de ce procédé, 40.000 tonnes d'acide nitrique par an.

Un autre procédé, le procédé Bender, s'adresse aux gaz naturels qui jaillissent des sources de pétrole et en particulier aux gaz naturels qu'on a trouvés en forant, en Transylvanie, à Kissarmas, un puits d'où s'est échappé spontanément un jet de gaz représentant un million de mètres cubes par jour. Ce gaz est du méthane pur. Si on le brûle dans un courant d'air au moyen de becs analogues à celui-ci, qu'on appelle becs Bunsen, la température de la flamme est suffisante pour provoquer l'oxydation de l'azote de l'air qui sert à la combustion. Avant la guerre, une société s'était constituée pour obtenir la concession de 200.000 mètres cubes de ce gaz correspondant à la fabrication de 12.500 tonnes d'acide azotique. Ce procédé est beaucoup moins intéressant que le procédé Häusser, qui s'adresse à l'industrie du coke, car la source du gaz dont je vous ai parlé n'est pas inépuisable.

Tels sont les procédés qui sont déjà réalisés industriellement ou qui sont en voie de réalisation, et qui permettent d'utiliser directement l'oxygène et l'azote de l'air pour les transformer soit en acide azotique, soit en engrais nitrés.

Abandonnons maintenant cette première partie du problème et examinons la deuxième qui consiste non plus à opérer la synthèse directe de l'azote nitrique,' mais la synthèse indirecte en passant par l'intermédiaire de l'azote ammoniacal.

Plusieurs procédés ont dès maintenant reçu des solutions industrielles. Les deux premiers ont pour but de préparer des produits qui, par une réaction ultérieure, dégageront du gaz ammoniac. C'est le procédé qui prépare la cyanamide et celui qui donne naissance aux nitrures et spécialement au nitrure d'aluminium.

Le troisième est un procédé direct qui, par l'union des éléments : azote et hydrogène, donne du premier coup le gaz ammoniac.

Étudions-les successivement en commençant par la cyanamide.

Vous savez ce qu'est le carbure de calcium obtenu par l'action directe de la chaux et du charbon au contact de la flamme du four électrique, produit qui, jeté dans l'eau, se décompose en donnant de l'acétylène qui s'enflamme à l'approche d'une allumette ou d'une flamme quelconque.

Deux inventeurs, Franck et Caro, conduits à

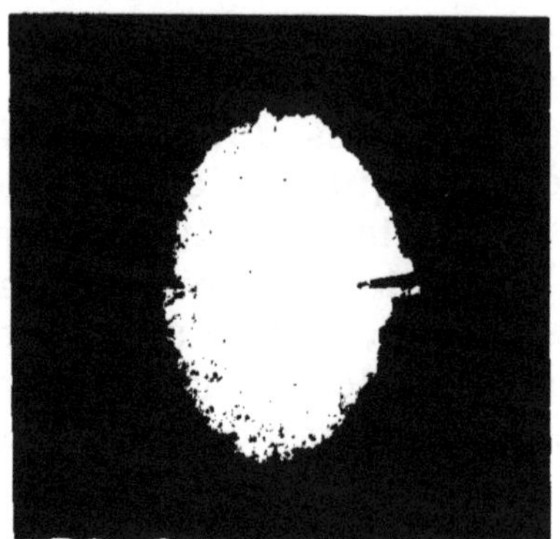

Fig. 1. — Flamme du dispositif Birkland.

Fig. 2. — Flamme du dispositif Schönherr.

Fig. 3. — Flamme du dispositif Pauling.

Fig. 4. — Usine de Saaheim (Norvège), 140.000 HP.

Fig. 5. — Château d'eau et conduites forcées de l'usine de force de Saaheim (Norvège).

rechercher la synthèse des cyanures, ont été amenés à faire passer un courant d'azote sur du carbure de calcium chauffé. Ils n'ont pas obtenu le cyanure de calcium, comme ils s'y attendaient, mais un composé moins carboné qu'on appelle la cyanamide.

La préparation de la cyanamide est simple. Le carbure est concassé, placé dans des cylindres traversés par des électrodes. A la base de ces cylindres on fait arriver un courant d'azote. On amorce la réaction en faisant passer le courant et en portant le carbure qui est au contact des électrodes à la température de 900°. A cette température l'azote réagit sur le carbure de calcium et la réaction dégageant de la chaleur continue toute seule sans qu'on ait à dépenser de l'énergie nouvelle. On obtient ainsi un produit qui contient encore un peu de carbure non transformé et de la chaux caustique ; on le traite par l'eau pour détruire le carbure, pour éteindre la chaux et faire disparaître la causticité, on le broie ensuite et on le mélange généralement avec de l'huile minérale ; on obtient ainsi la cyanamide commerciale. La voici en poudre noire, prête à être expédiée. Elle contient 15 à 16 % d'azote.

En 1912, la production de la cyanamide dans le monde occupait onze usines avec une production de 152.000 tonnes environ. Trois usines nouvelles sont venues s'ajouter et on peut compter que la production est d'environ 270.000 tonnes. A cause de l'énergie électrique nécessaire à la production du carbure particulièrement, les usines doivent être concentrées dans les pays à chutes d'eau provenant des fleuves ou des montagnes ou dans les pays où on a le charbon à bas prix : Italie, Autriche, Allemagne, France, Norvège, Suisse. La France possède une usine à Notre-Dame-de-Briançon où on fabrique annuellement 7.500 tonnes de cyanamide. L'Allemagne en possède plusieurs, à Muhlthal près Bromberg (duché de Posen), à Alz (Haute-Bavière), etc..., avec une production qui n'est pas éloignée de 50.000 tonnes [1].

La cyanamide résout le problème des engrais de deux façons : ou bien elle est directement enfouie dans le sol et se transforme en sel ammoniacal qui ensuite est nitrifié par les microbes, ou bien en la traitant par l'eau comme je le fais ici et, pour aller plus vite, par l'eau sous la pression de 8 kilos environ, on en dégage l'ammoniaque qu'on peut transformer en sulfate ou utiliser, comme nous le verrons tout à l'heure, à la fabrication de l'acide azotique.

Un autre procédé est celui qui produit ce qu'on appelle des nitrures. Il est dû à un inventeur du nom de Serpek; il est basé sur l'union possible de l'azote avec certains métaux, particulièrement avec l'aluminium, donnant de l'azoture ou nitrure.

Je répète cette réaction sous vos yeux; pour l'amorcer, comme on dit, il faut, vous le voyez, porter la poudre d'aluminium employée à une température déjà assez élevée; lorsque cette température est obtenue, on fait arriver le courant

(1) D'après des renseignements plus récents, la capacité des usines mondiales serait de 419.000 tonnes; mais la production effective en 1913 n'était que de 140.000 tonnes dont 25.000 à 30.000 tonnes pour l'Allemagne.

d'azote et la réaction se continue toute seule avec un éclat éblouissant parce que la formation du nitrure d'aluminium dégage 110 calories, c'est-à-dire une quantité de chaleur suffisante pour son entretien.

Voici un échantillon de ce nitrure, qui est, lui, un produit industriel. Généralement, lorsqu'il contient, comme celui-ci, 30 °/₀ d'azote, il est magnifiquement cristallisé. Sa fabrication en grand représente une particularité très intéressante au point de vue économique. C'est que, pour obtenir le nitrure, il n'est pas nécessaire de passer par l'aluminium, il suffit de prendre le minerai d'aluminium, qui est la bauxite, composée d'alumine et d'oxyde de fer, de le mélanger avec une proportion déterminée de charbon, de faire passer un courant d'azote et de porter le tout à une température d'environ 1.800°. C'est par ce procédé que le nitrure d'aluminium à 30 °/₀ d'azote, que je vous montre, a été fabriqué.

La mise en pratique de cette préparation est particulièrement délicate et je dois vous avouer qu'au point de vue industriel elle n'est pas encore complètement réussie. Il faut produire une température de 1.800°; il faut donc des fours qui supportent cette température, c'est-à-dire construits avec des matériaux suffisamment réfractaires pour qu'ils ne se détériorent pas par fusion. Industriellement on n'a rien trouvé jusqu'ici qui puisse résister que le nitrure lui-même. C'est lui qui a servi jusqu'à présent de revêtement aux fours. D'autre part, la présence de l'oxyde de carbone dégagé par la réaction elle-même est nuisible à celle-ci.

Les essais industriels tentés étaient en pleine activité et en bonne voie de résolution lorsque la guerre a éclaté et ils ont été suspendus. Je puis vous dire cependant qu'ils ne sont pas abandonnés et qu'ils ont comme base des idées nouvelles de fabrication qui se rapprochent beaucoup du système d'oxydation directe de l'azote. Il s'agit, en effet, non plus du chauffage en masse du mélange d'alumine et de charbon, mais de sa projection à travers un arc de développement suffisant, l'union de l'azote et de l'aluminium réduit se faisant instantanément à la température produite par cet arc, et le nitrure résultant se trouvant en même temps projeté dans la région froide de l'appareil. Dans ce cas, c'est seulement au voisinage de l'arc que la propriété réfractaire du four est nécessaire. L'importance de ce procédé pour la fabrication des engrais ammoniacaux ou de l'ammoniaque spécialement, c'est que sa mise en œuvre est liée directement à l'industrie de l'aluminium.

Pour la fabrication de ce métal, on s'est adressé jusqu'ici à la bauxite, dont, par le procédé de Bœyer, on extrait l'alumine pure, qu'on décompose ensuite au four électrique pour obtenir l'aluminium.

Le procédé au nitrure permet également d'obtenir de l'alumine. Prenons une petite quantité du nitrure que nous venons de préparer et traitons-la par une solution de soude en chauffant ; nous voyons immédiatement se dégager de l'ammoniaque qui bleuit le papier de tournesol rouge ; dans la solution restante, nous trouverons de l'aluminate de soude, lequel nous permet d'obtenir très facilement l'alumine à l'état pur.

L'industrie des nitrures peut donc s'associer à l'industrie de l'aluminium, fournir de l'alumine à cette industrie pour fabriquer le métal et donner comme sous-produit l'ammoniaque qu'on peut ainsi obtenir à bon marché.

La production de l'aluminium est actuellement de 70 millions de tonnes et sa consommation va en augmentant, si bien qu'on peut espérer la voir passer rapidement à 100.000 tonnes. L'union du procédé des nitrures et de sa fabrication peut ainsi nécessiter la préparation de 200.000 tonnes d'alumine correspondant à 50.000 tonnes d'azote, lesquelles correspondent elles-mêmes à 235.000 tonnes de sulfate d'ammoniaque. Vous voyez que ce procédé est particulièrement intéressant et qu'il est appelé, lorsqu'il sera réalisé, à un grand avenir au point de vue de la fabrication à bon compte de l'ammoniaque et des engrais ammoniacaux.

Nous arrivons maintenant au procédé de synthèse directe. Ce procédé a été étudié par Haber et réalisé industriellement par cette fameuse société allemande dont j'ai déjà eu l'occasion de vous montrer tous les efforts dans la voie de la réalisation des synthèses et particulièrement de la synthèse de l'indigo, par la Badische Anilin de Ludwigshafen.

Ce procédé trouve son origine dans l'expérience suivante : si on fait passer une étincelle électrique dans un mélange d'hydrogène et d'azote, on trouve qu'il se forme des traces d'ammoniaque. Cela montre, comme dans le cas de la combinaison de l'azote avec l'oxygène, que l'union de l'azote avec l'hydrogène est possible à la condition que le mélange soit d'abord porté à une température suffisante pour que l'affinité chimique de l'azote puisse se manifester. D'autre part, on est encouragé à poursuivre la réaction parce que, contrairement à ce qui se passe dans la synthèse directe de l'azote nitrique, cette réaction dégage de la chaleur au lieu d'en absorber et que, par conséquent, une fois commencée elle peut se continuer seule sans qu'on lui en fournisse à nouveau, c'est-à-dire sans dépense d'énergie. Ce sont là des conditions extrêmement favorables pour l'industrie.

Enfin, on sait maintenant que des réactions de ce genre sont éminemment favorisées au point de vue du rendement par l'emploi de ces substances qu'on appelle des catalyseurs et qui jouent le simple rôle d'intermédiaires pour ainsi dire mécaniques, aidant au maintien continu de l'équilibre nécessaire à la combinaison quantitative des éléments.

Les conditions de la réaction déterminées par Haber sont, outre l'emploi de catalyseurs, une température oscillant autour de 600° et une pression élevée. Le catalyseur employé est le fer pur. On peut employer aussi l'uranium et l'osmium.

C'est ainsi, par exemple, qu'avec le fer pur, sous 200 atmosphères de pression, la masse de contact occupant un espace de 20 centimètres cubes, avec une vitesse des gaz de 250 litres à l'heure, on obtient 5 grammes d'ammoniaque, soit 250 grammes par litre de capacité de la chambre de contact.

La réalisation industrielle du procédé a présenté un certain nombre d'inconvénients. La distillation de l'air liquide fournit facilement l'azote à un prix voisin de 2 centimes le mètre cube. Le problème de la préparation de l'hydrogène, qui doit être aussi d'une pureté absolue, est plus délicat; cependant divers procédés, l'action de la soude sur le ferro-silicium et plus particulièrement la séparation de l'hydrogène du gaz à l'eau par la liquéfaction de l'oxyde de carbone, permettent, paraît-il, d'abaisser le prix à 1f25 le kilo, c'est-à-dire d'obtenir l'hydrogène à 11 centimes le mètre cube. Mais les difficultés commencent avec la nature des appareils dans lesquels va se produire l'action catalytique. Ces appareils doivent supporter des pressions considérables à des températures élevées. Or, les autoclaves qu'on a pu construire jusqu'ici supportent des pressions maxima de 50 et quelquefois de 100 atmosphères, mais à des températures qui généralement ne dépassent pas 300°. On a réussi, paraît-il, à abaisser industriellement la pression à 110 ou 115 atmosphères, mais il s'agit toujours de 500° au moins. Dans ces conditions, les autoclaves en fer ou en acier subissent des modifications qui les mettent rapidement hors d'usage; à ces températures les métaux sont perméables à l'hydrogène, ce qui ne va pas sans de grands dangers d'explosion.

Comme pour la synthèse de l'indigo, la Badische Anilin ne s'est pas laissé arrêter par ces difficultés; en y consacrant le temps et l'argent nécessaires, elle les a vaincues successivement. Naturellement les dispositifs sont tenus secrets, mais on sait tout de même qu'ils sont très probablement refroidis extérieurement par de l'eau, enfermés dans des chambres blindées qui mettent les ouvriers à l'abri des explosions, que les gaz sont purifiés d'une manière absolue, analysés fréquemment, et que des signaux d'alarme indiquent les dangers que des impuretés comburantes pourraient laisser préexister. Le gaz ammoniac obtenu est extrait soit sous la forme liquide, soit absorbé par l'eau, soit transformé en sulfate selon la volonté du fabricant.

Dès 1913, l'usine d'Oppau, près de Ludwigshafen, était établie pour fabriquer par ce procédé 30.000 tonnes de sulfate d'ammoniaque; à l'automne de 1913, ce sulfate entra en concurrence, sur le marché allemand, avec le sulfate des fours à coke et amena une lutte de prix dès le début de 1914. Néanmoins, si j'en crois divers renseignements, les prix de revient sont tellement rémunérateurs — 63 centimes le kilo d'ammoniaque dont le prix de vente moyen est de 1f30 — que non seulement la concurrence put être soutenue, mais que la Badische Anilin a décidé de porter la production annuelle à 140.000 tonnes dans une installation qui était prête à fonctionner au début de la guerre.

Et c'est ici qu'intervient la fabrication par synthèse de l'acide nitrique dont les Allemands avaient besoin. A l'usine d'Oppau une partie de l'ammoniaque produite est transformée en acide azotique.

Ceci m'amène à envisager les moyens par lesquels cette transformation peut être opérée. C'est le procédé Ostwald qui est employé. Ostwald a montré, en effet, que la transformation du gaz ammoniac en acide azotique est possible à la condition d'employer un catalyseur ; dans le cas particulier, ce catalyseur est le platine.

Nous allons essayer de réaliser sous vos yeux cette synthèse. Ce tube, qui contient de l'amiante platiné, communique avec un appareil qui dégage de l'ammoniaque, dans lequel nous pouvons en même temps envoyer un courant d'air. Nous chauffons le tube à une température voisine de 300°, et les vapeurs rouges que nous recueillons montrent que nous obtenons du peroxyde d'azote en quantité importante ; ce peroxyde d'azote peut être facilement transformé en acide azotique par réactions successives, comme je vous l'ai indiqué précédemment.

Industriellement, le catalyseur est également l'amiante platiné placé dans des tubes chauffés à 300° et qui sont traversés par le courant gazeux à une vitesse d'ouragan. En réglant la vitesse à 1/500e de seconde de contact on peut obtenir un rendement de 85 °/₀ en acide azotique. Si on force la quantité d'ammoniaque on obtient directement du nitrate d'ammoniaque qui peut être considéré soit comme un explosif, soit comme l'engrais le plus riche en azote.

Le procédé, vous ai-je dit, est appliqué à Oppau. Avant la guerre il était également appliqué à Gerthe, près de Bochum, en Westphalie, où on utilisait les gaz des fours à coke de la mine Lothringen pour la fabrication de 180 tonnes d'acide nitrique à 40° Baumé. En Belgique, à Vilvorde, on transformait également en nitrate d'ammoniaque une partie du gaz ammoniac fourni par la décomposition de la cyanamide.

Ainsi, le problème de la nitrification de l'azote, soit par voie indirecte, soit par voie directe, est résolu et des industries sont en plein fonctionnement pour l'utilisation de l'une ou de l'autre de ces méthodes. Cette utilisation, nous pouvons l'envisager d'abord au point de vue actuel, et c'est ce qui nous permet de comprendre comment l'Allemagne a pu démentir les prévisions des personnes mal informées qui, à la fin de 1914, prédisaient pour elle la pénurie des explosifs et des engrais.

Dans cette branche nouvelle de l'industrie, l'Allemagne, comme toujours, a eu sa part d'initiative et nous avons vu que non seulement elle possède en Norvège une source industrielle d'acide nitrique et de nitrates avec laquelle elle peut communiquer, qu'elle possède aussi chez elle de la cyanamide, mais que c'est surtout par des procédés bien à elle, procédé Haber, procédé Ostwald, qu'elle peut se procurer de l'acide nitrique par l'intermédiaire du gaz ammoniac.

Il faudrait ne pas connaître la puissance d'organisation de nos ennemis pour croire qu'aidés par ce fait qu'en temps de guerre les prix de revient ne sont pas un obstacle, ils n'ont pas multiplié, par tous les moyens en leur pouvoir, des installations qui, n'étant pas créées pour le même but, pouvaient dès le début ne pas suffire à leurs besoins militaires. Ils n'avaient d'ailleurs à faire face qu'à cette préoccupation, puisque, vous le savez maintenant, ils disposaient en quantité plus que suffisante du goudron de houille et des carbures nécessaires à la fabrication de leurs explosifs et qu'ils possédaient dans leurs usines de matières colorantes tous les appareils nécessaires à leur transformation en acide picrique, en nitrotoluène, en crésylite, etc... Les faits montrent que pour cette transformation l'acide nitrique ne leur a pas fait défaut et qu'ainsi, contrairement à ce qui s'est passé pour nous, leur puissance industrielle s'est complétée dans tous les domaines pour leur permettre de soutenir les efforts militaires auxquels nous avons assisté.

Dure et cruelle leçon qui ne doit pas être perdue pour nous ! Mais, en vérité, ces nouvelles industries de synthèse ont une autre vertu que celle d'aider à soutenir la guerre, elles apportaient déjà avant la bataille des services économiques qui ne peuvent que s'accentuer après pour le bien de l'humanité.

Toutes, au bout du compte, réalisent le même problème mais par des voies différentes. Le réalisent-elles aux mêmes conditions? C'est là une question primordiale à résoudre parce que de sa solution dépend le sort que chaque nation peut être appelé à faire à chacune d'elles suivant les ressources dont elle dispose. Il nous reste donc, pour terminer leur étude, à les examiner au point de vue du rendement comparatif. C'est ce que nous ferons au début de notre prochaine conférence avant d'aborder les conclusions plus générales que je veux vous soumettre. (*Applaudissements.*)

QUATRIÈME CONFÉRENCE (1)

Le projet de monopole allemand de l'azote et l'avenir des procédés de synthèse des engrais azotés. — Les rapports de la législation française et allemande avec l'emploi industriel de diverses matières premières : alcool, sel marin, etc...

Mesdames, Messieurs,

Dans ma dernière conférence, j'ai examiné, au point de vue technique, les divers procédés qui permettent d'aller chercher dans leur source inépuisable les gaz de l'atmosphère : azote et oxygène, pour les transformer, soit directement, soit par l'intermédiaire de l'ammoniaque, en acide nitrique et en nitrates.

L'acide nitrique peut intervenir de suite dans la fabrication des explosifs, et c'est ainsi que l'Allemagne a pu, ayant développé les industries de synthèse qu'elle possédait déjà avant la guerre, remédier au déficit de nitrate de soude naturel créé par le blocus. Mais, ainsi que je vous le disais en terminant, le cas de guerre est tout de même un cas accidentel et ce n'est pas uniquement pour l'œuvre de mort que nous devons considérer ces inventions nouvelles de la science. L'acide nitrique, en effet, peut être immédiatement transformé en nitrate ; sous forme de sels, de sulfate d'ammoniaque particulièrement, l'ammoniaque enfouie dans le sol

(1) Conférence faite au Conservatoire national des Arts et Métiers, le jeudi 24 février 1916.

s'y nitrifie également sous l'influence des microbes nitreux et nitriques chargés de cette fonction. Que nous en tirions de l'acide nitrique ou que nous en tirions de l'ammoniaque, les procédés de synthèse que nous avons étudiés sont donc avant tout des producteurs d'engrais azotés, et c'est parce que je considère qu'ils seront après la guerre parmi les facteurs importants de cette intensité de vie qui suit généralement les grands cataclysmes, que je voudrais m'arrêter un instant devant eux pour en fixer l'avenir économique.

A ce sujet, une première question se pose. Nous voyons, en effet, que ces procédés : procédé de Birkland, procédé de Schönherr, procédé de Pauling, qui donnent de l'acide nitrique, procédé à la cyanamide, procédé au nitrure de Serpek et procédé de synthèse de Haber, qui donnent l'ammoniaque comme produit intermédiaire, aboutissent en fin de compte au même résultat, mais par des voies différentes. En bons industriels, nous devons les examiner comparativement et nous demander dans quelles conditions économiques chacun d'eux nous offre la solution attendue. Cette évaluation a évidemment comme base principale la quantité d'énergie nécessaire pour fixer la même quantité d'azote.

La réaction de nitration directe est, comme on dit, une réaction endothermique, c'est-à-dire que pour la réaliser il faut lui fournir de la chaleur. Théoriquement la formation de 100 grammes d'acide nitrique absorbe 34.365 petites calories, c'est-à-dire la chaleur qu'il faut pour élever de 1° la température de près de 35 litres d'eau. Le rendement étant très faible, 4 à

5 °/₀, il s'ensuit qu'à quelque différence près les procédés de Birkland, de Schönherr et de Pauling sont tous de grands consommateurs d'énergie et exigent, par suite, une grande dépense de force.

La fixation de l'azote sur le carbure de calcium à l'état de cyanamide est, au contraire, une réaction exothermique, c'est-à-dire qu'elle se fait avec dégagement de chaleur. Il suffit, au moyen d'un dispositif électrique, de porter la masse en son centre à la température de 900° environ à laquelle la réaction commence, puis de faire arriver le courant d'azote. Dès lors, la chaleur dégagée par la combinaison suffit à maintenir cette température et la combinaison se continue d'elle-même sans dépense supplémentaire pour l'industriel. Notez cependant qu'en plus il faut dépenser de l'énergie pour la production du carbure de calcium initial, soit environ 0,6 HP par tonne de carbure.

La production du nitrure d'aluminium, bien que la formation de ce nitrure se fasse également avec dégagement de chaleur, est néanmoins, par suite des conditions industrielles dans lesquelles elle se passe, consommatrice d'énergie calorifique produite par le courant électrique. Mais une partie notable de cette consommation est atténuée par l'oxyde de carbone produit par la réaction et qui, par sa combustion, sert à échauffer préalablement le mélange de bauxite et de charbon soumis au traitement.

La synthèse directe de l'ammoniaque par l'union de l'hydrogène et de l'azote — c'est le procédé Haber — est exothermique. La formation de 100 grammes d'ammoniac gazeux dégage une quantité de chaleur capable d'élever de 1° la température de 72 litres d'eau. Cette synthèse, productrice d'énergie au lieu d'en consommer, se présente donc sous un jour industriel extrêmement favorable.

Tenant compte de ces données, l'expérience montre que la consommation d'énergie comparative de chacun de ces procédés s'établit comme suit pour la fixation de 1 kilo d'azote : le procédé Pauling absorbe 71 kwh correspondant à 97 HP-h., le procédé de Birkland 62 kwh correspondant à 84 HP, le procédé Schönherr 59 kwh correspondant à 80 HP, le procédé à la cyanamide 24 kwh correspondant à 33 HP, le procédé au nitrure 12 kwh correspondant à 16 HP, le procédé Haber absorbe seulement 2 kwh correspondant à 2,7 HP. Si nous traduisons ces chiffres en rendement en engrais, par exemple, nous voyons que le procédé de Birkland pour l'utilisation de 100 HP par an donne 62.900 kilos de nitrate de chaux à 16 °/₀ d'azote, le procédé à la cyanamide 174.200 kilos de cyanamide à 16 °/₀ d'azote, correspondant à 131.400 kilos de sulfate d'ammoniaque à 21 °/₀ d'azote ; le procédé au nitrure, dans les mêmes conditions, donne 341.600 kilos à 16 °/₀ d'azote, soit 258.640 kilos de sulfate d'ammoniaque à 21 °/₀, le procédé de Haber donne 394.200 kilos d'ammoniaque correspondant à 1.858.000 kilos de sulfate d'ammoniaque à 21 °/₀.

De l'examen de ces chiffres vous pouvez tirer les conclusions suivantes : les procédés de Pauling, de Birkland et de Schönherr, qui donnent directement de l'azote nitrique, ne sont possibles que si on possède de l'énergie électrique à bon marché, c'est-à-dire dans les pays où on dispose de grandes chutes d'eau. C'est ce qui a conduit la Société norvégienne de l'azote à aller s'installer en Norvège où elle a trouvé, comme je vous le disais dans ma dernière conférence, sur un pluviomètre restreint, à utiliser 525.000 HP produits par les chutes. Dans ce cas, comme les frais d'aménagement se reportent sur une grande quantité, on ne compte guère qu'une dépense d'environ 200 francs par cheval : d'autre part, l'utilisation de cette grande quantité réduit les frais d'entretien certainement à moins de 20 francs par cheval-an, peut-être même à moins de 10 francs, ce qui est un prix excessivement bon marché.

En France, nous possédons beaucoup de chutes d'eau dans les Alpes et dans les Pyrénées, mais ces chutes d'eau sont loin d'avoir, prises séparément, l'importance des chutes norvégiennes ; leur puissance est de 6.000, de 10.000, de 15.000 HP tout au plus ; par conséquent, nous ne pouvons pas réunir sur une surface restreinte un nombre aussi considérable de chevaux qu'on peut le faire en Norvège ; ceci conduit à des frais d'installation relativement plus élevés et à un prix de revient de la force électrique également plus cher. On compte que les frais d'installation varient en France dans des limites assez larges suivant les difficultés de captage des chutes, de 400 à 1.400 francs par cheval, et on n'obtient guère le cheval-an à moins d'un prix qui varie de 40 à 80 francs, conditions bien différentes de celles qui sont établies en Norvège.

FIG. 6. — Batterie de fours de Birkland et Eyde (Société norvégienne de l'Azote).

Fig. 7. — Batterie de fours Schönherr.

La possibilité d'établissement des industries de synthèse directe de l'azote nitrique dépendra donc des conditions qui s'établiront sur le marché soit des nitrates, soit de l'acide azotique, puisque le prix de revient en France ne saurait être le même qu'en Norvège.

On peut songer, pour favoriser cette industrie, à une combinaison avec l'utilisation de l'énergie électrique destinée à faire marcher des tramways, des moteurs domestiques, à fournir de l'éclairage à certaine distance. Pendant les heures d'arrêt de ces tramways, de ces moteurs, de cet éclairage, l'énergie électrique pourrait être utilisée chimiquement. Il faut convenir cependant que cette combinaison, qui aboutit à une industrie de production variable ou intermittente, présente certaines difficultés économiques. Elle est en ce moment en essai en Allemagne, à Muldenstein, en Saxe, pour l'utilisation du procédé Pauling. On se sert de la force produite par la combustion du lignite en combinaison avec la station qui fournit la force au chemin de fer de Halle à Leipzig.

Les procédés à la cyanamide et au nitrure sont plus généralement réalisables, car ils exigent moins de force et sont applicables partout où l'on possède des chutes d'eau de moindre puissance qu'en Norvège ou des courants électriques produits par des chaleurs perdues, ou encore par du combustible à bon marché.

Je vous disais, il y a un instant, que l'installation combinée du procédé Pauling était à l'essai en Saxe dans un district de production de lignite qui donne là-bas la force à aussi bon marché que possible. C'est également dans ces districts de lignite que l'Allemagne songe à développer son industrie de cyanamide.

En France, nous possédons déjà une de ces industries à Notre-Dame-de-Briançon, en Savoie, où la production de cyanamide s'élève à 7.500 tonnes par an.

La Société des nitrures a également créé une usine d'essai à Saint-Jean-de-Maurienne pour l'application du procédé Serpek. Ce procédé se présente sous des auspices tout à fait favorables parce que, vous le savez, il peut se combiner avec la production de l'aluminium pour fournir à la fabrication de celui-ci de l'alumine pure ; par conséquent, l'ammoniaque, dans ce cas, est un sous-produit dont la valeur peut varier suivant les conditions du marché de l'azote. On peut donc prévoir en France une extension de la fabrication de la cyanamide, de même que l'extension du procédé au nitrure lorsque les conditions industrielles de ce procédé seront complètement réalisées.

Quant au procédé Haber, il consomme peu d'énergie; un demi-cheval par heure et par kilo d'ammoniaque produit est employé pour la circulation des gaz et la compression. Mais, pour qu'il soit applicable, il faut qu'on ait de l'hydrogène à bon compte. Il est possible qu'un jour les grandes industries chimiques allemandes, qui produisent de l'hydrogène en excès, puissent fournir cet hydrogène à un prix inférieur à celui qu'on compte dès à présent.

En ce moment, cependant, deux procédés peuvent être utilisés pour sa préparation : la décomposition du ferro-silicium par la soude, qui produit actuellement l'hydrogène destiné au gonflement des dirigeables, et le procédé qui utilise le gaz à l'eau. Vous savez que le gaz à l'eau est constitué par un mélange d'hydrogène et d'oxyde de carbone; si on soumet ce gaz au froid progressif, on liquéfie l'oxyde de carbone bien avant l'hydrogène, et dans ces conditions on obtient l'hydrogène à l'état pur; l'oxyde de carbone peut être ensuite régénéré à l'état gazeux, brûlé, et la chaleur qu'il fournit étant utilisée vient en déduction du prix de l'énergie totale.

Ce dernier procédé est employé par la « Badische Anilin » pour l'application du procédé Haber. Il donnerait, suivant divers renseignements, le prix du kilo d'hydrogène à 1f25, ce qui correspond environ à 11 centimes le mètre cube. Dans ces conditions on obtiendrait le kilo d'azote à un prix variant de 63 à 70 centimes. Si vous songez que le prix du kilo d'azote ammoniacal est en moyenne de 1f30, vous voyez qu'il y a entre le prix de revient et le prix de vente une grande marge pour les bénéfices. Cela explique que la « Badische Anilin », qui fabriquait seulement 30.000 tonnes de sulfate d'ammoniaque avant la guerre, ait progressivement étendu sa fabrication et augmenté son capital pour arriver à l'heure actuelle à la production de 300.000 tonnes de sulfate d'ammoniaque.

Ce gaz-ammoniac est très pur, il se présente donc dans des conditions de qualité particulières pour la synthèse de l'acide nitrique par le procédé Ostwald, le prix de la transformation rendant, paraît-il, l'application possible même en temps de paix. En ce moment, à l'usine d'Oppau, dont je vous ai déjà parlé, on produit de l'acide nitrique avec une partie de l'ammoniaque fabriquée; mais pour éviter les installations coûteuses — installations de transformation du peroxyde d'azote en acide azotique faible, concentration de cet acide azotique jusqu'au degré suffisant pour la préparation des explosifs — on a couru au plus pressé, en sorte que le procédé Ostwald sert particulièrement à fabriquer du nitrate de soude, lequel est transformé en acide nitrique à 48° par le procédé ordinaire, c'est-à-dire par l'action de l'acide sulfurique.

On fabriquerait ainsi à l'heure actuelle, dans sept usines allemandes, 30.000 tonnes de nitrate de soude par mois, correspondant à la production de 22.000 tonnes d'acide azotique à 48°.

Le procédé de Haber apparaît donc comme le plus pratique, puisqu'il peut être appliqué partout où on a du charbon à un prix normal.

L'ensemble de ces procédés synthétiques réalisés en Allemagne a fait naître — vous l'avez probablement lu dans les journaux — l'idée de fermer l'entrée du pays aux engrais azotés, au nitrate de soude notamment, venant de l'extérieur, et d'établir pour cela au profit de l'État un monopole de vente pour lequel un projet de loi attend en ce moment une solution. L'établissement de ce monopole pouvant avoir sur les marchés extérieurs après la guerre une certaine répercussion relativement au prix des engrais et notamment du nitrate de soude, et pouvant, par contre-coup, exercer une influence sur l'avenir des procédés synthétiques que je vous ai décrits, il faut nous arrêter quelques instants devant sa considération.

Le nitrate de soude naturel du Chili, à cause

de sa valeur spéciale comme engrais, fournissait jusqu'ici le gros appoint des engrais azotés et réglait le prix de ces derniers. C'est donc lui qui subit l'assaut des procédés synthétiques, et la question des engrais pour l'avenir se ramène à savoir comment il pourra résister à cet assaut.

Les aliments azotés sont nécessaires à l'homme et leur consommation ira sans cesse en augmentant avec l'accroissement de la population mondiale. Ceci entraîne une augmentation parallèle de la consommation des engrais à base d'azote. Les progrès de l'agriculture eux-mêmes, qui sont loin d'être arrivés à leur terme, sont un autre facteur de cette augmentation. En présence de ces besoins futurs, on pouvait songer, il y a peu de temps encore, que les industries synthétiques de l'azote devaient être considérées seulement comme un appoint dans la fourniture des engrais et ne seraient appelées à prendre réellement la place du nitrate que le jour où les gisements seraient épuisés, c'est-à-dire à une époque éloignée de plus d'un siècle et qui peut très probablement être reculée encore plus loin.

Il semble qu'il n'en soit plus tout à fait ainsi et que la guerre apporte là encore quelque nouveauté.

Le prix du nitrate de soude rendu dans les ports d'Europe, d'après une communication faite au Congrès international de chimie appliquée de New-York, est en moyenne de 1f30 le kilo d'azote. En 1913, l'Allemagne a consommé 780.000 tonnes de nitrate, soit environ 120.000 tonnes d'azote venant de ce produit. La consommation totale de l'azote en Allemagne étant d'environ 220.000 tonnes, la différence est fournie, comme nous l'avons vu, d'une part par les 550.000 tonnes de sulfate d'ammoniaque et les 50.000 tonnes de cyanamide fabriqués actuellement dans ce pays, et d'autre part par une légère importation venant de Norvège. Le projet de monopole fixe les prix de vente des différents engrais en comptant 0f0625 de revenu pour l'État, aux chiffres suivants pour le kilo d'azote :

Cyanamide	1f22
Sulfate d'ammoniaque	1 35
Nitrate	1 47

Ces prix s'entendent à partir de la deuxième année après la guerre, les prix pour la première année étant un peu plus élevés.

Le sulfate d'ammoniaque, en Allemagne, provient particulièrement de deux sources en ce moment : 1° les fours à coke ; 2° l'application du procédé Haber. D'après les données que je vous ai exposées, le kilo d'azote obtenu par le procédé Haber reviendrait de 63 à 70 centimes environ. Le sulfate d'ammoniaque des fours est, vous le savez, un sous-produit qui s'accompagne en même temps de la production des carbures du goudron dont la valeur est très grande. Je vous disais dans ma dernière conférence de l'année dernière que le coke produit avait à peu près la valeur de la houille mise en œuvre. Dans ces conditions, vous comprenez que le prix de revient du sulfate d'ammoniaque peut supporter de grandes variations et qu'on peut compter que dans les situations les moins favorables ce prix de revient n'est pas supérieur à celui du procédé de Haber.

Il n'en est pas de même pour la cyanamide, qui exige une certaine quantité de force pour sa production, quand on y joint la force nécessaire à la production du carbure initial. En supposant que les installations de production soient placées dans les districts de lignite où la force revient au minimum en Allemagne, si on tient compte aussi que dans ce pays on n'attribue pratiquement à cet engrais que les 7/10 de la valeur du sulfate d'ammoniaque qui lui-même ne vaut que les 9/10 du nitrate, il ne semble pas que le prix de revient de la cyanamide puisse être compté à moins qu'aux environs de 1 franc.

Les procédés au sulfate et celui à la cyanamide ne sont donc pas placés dans la même situation vis-à-vis du nitrate. Le sulfate d'ammoniaque allemand peut lutter seul, par une entente entre les fabricants, contre l'engrais chilien, et pour cette raison ceux qui le produisent ne sont pas partisans du monopole. La Badische Anilin tient, paraît-il, pour d'autres raisons encore, à conserver sa liberté. L'ammoniaque du procédé Haber peut — je vous l'ai montré dans une expérience précédente — donner directement, par la catalyse au platine, du nitrate d'ammoniaque qui se trouve contenir 35 °/₀ d'azote et être, par conséquent, l'engrais le plus azoté, celui qui, par suite, peut supporter les frais les plus élevés de transport pour l'exportation. La Badische Anilin, qui entrevoit la victoire, fonde sur celle-ci la conquête des marchés d'engrais de Belgique, de Hollande, de Russie, etc., où elle pourrait exporter de grandes quantités de ce nitrate spécial.

La cyanamide, au contraire, se trouve mal

placée pour la lutte et elle a besoin pour cela du concours de l'État. C'est donc en sa faveur que le monopole serait établi, et il est probable que c'est dans ce sens que les choses s'arrangeront, malgré la présence de quelques intérêts allemands dans les mines du Chili.

Le prix du nitrate de soude peut, lui aussi, être abaissé : d'une part, l'amélioration des procédés d'extraction peut amener une diminution dans les prix de revient, mais ceci seulement dans un avenir plus ou moins prochain ; d'autre part et surtout, si l'État chilien, qui prélève à l'exportation un droit de 41 °/o sur la valeur du nitrate, renonçait à ce droit, le kilo d'azote rendu dans les ports d'Europe reviendrait au maximum à 80 centimes et une lutte pourrait s'établir sur le marché allemand. Pour l'éviter, si le monopole est voté, il est probable que l'Allemagne frappera les engrais d'un droit de douane.

Il apparaît donc comme probable de toute façon que le marché allemand sera perdu pour le Chili ; du même coup, 800.000 tonnes de nitrate deviennent libres pour les autres marchés. Si on tient compte que d'une part l'Angleterre, par suite des nécessités de la guerre, aura augmenté considérablement sa production de sulfate d'ammoniaque à cause de ses besoins de carbures du goudron destinés aux explosifs, que d'autre part, pour les mêmes raisons, les États-Unis auront plus que quadruplé leur production qui était avant la guerre d'environ 200.000 tonnes, il semble certain que, lorsque les stocks d'engrais seront rétablis en Europe, et cela assez rapidement, il y aura une forte surproduction d'engrais azotés à laquelle correspondra une diminution sensible dans les prix. Cette diminution entraînera forcément la diminution du prix du nitrate de soude, qu'à mon sens l'État chilien fera bien de prévoir dès maintenant.

Quel sort entraînera en France cette diminution pour les industries de synthèse ? Il est difficile de le dire en ce moment, en l'absence de chiffres précis. Il semble cependant que nos chutes d'eau, à cause du prix auquel elles fournissent la force, resteront favorables à la production de la cyanamide et du sulfate d'ammoniaque provenant de la transformation des nitrures. Ce dernier procédé, lorsqu'il sera réalisé industriellement, conservera, jusqu'à concurrence de la quantité d'aluminium produite, les avantages qu'il possède, puisque l'ammoniaque qu'il peut donner est un sous-produit auquel on peut attribuer une valeur variable.

C'est le procédé de synthèse directe de l'acide nitrique, à cause de la quantité considérable d'énergie qu'il consomme par rapport aux autres, qui apparaît comme devant être le plus désavantagé, en raison surtout de ce qu'en France l'agriculture ne consent pas à payer l'azote nitrique plus cher que l'azote ammoniacal. Il pourra cependant trouver, si, comme il faut l'espérer, notre industrie chimique se développe, une compensation dans la production directe de l'acide nitrique ou des nitrites qui laissent par leurs prix une marge de bénéfice plus grande que celle du nitrate de chaux.

J'arrête ici ces considérations que je pourrais encore étendre. Telle quelle, cette étude d'ensemble sur les industries de synthèse vous montre que ces industries, en utilisant des forces naturelles ou perdues, sont au premier rang des industries productrices de richesse. Elle vous montre aussi, une fois de plus, tous les services que l'humanité peut tirer de la science lorsqu'elle se donne la peine d'en diriger méthodiquement les applications.

Telles sont, Mesdames et Messieurs, les observations spéciales que j'avais à vous présenter relativement à ces industries modernes : matières colorantes, produits pharmaceutiques, parfums synthétiques, explosifs et engrais, dont on a tant parlé dans ces derniers temps et qui, œuvres du temps de paix, se sont cependant trouvées et se trouvent encore être celles qui aident le plus nos ennemis à maintenir leur effort militaire. Je voulais vous les faire voir en activité non seulement à cause de ce point de vue actuel et pour justifier à ce sujet mes observations de l'an dernier, mais aussi parce qu'elles nous montrent d'une façon concrète l'application de la méthode industrielle allemande.

De plus, cet examen nous a permis d'apercevoir les mailles rompues du réseau de notre organisation économique à travers lesquelles le commerce de nos adversaires a pu habilement se faufiler pour conquérir notre marché dans des conditions de supériorité telles que, l'eussions-nous voulu, sans la guerre, il était trop tard pour tenter un effort de résistance.

Nous n'avons pas voulu la guerre. L'année dernière, dans ma première conférence, connaissant que les industriels et les commerçants sont gens réfléchis que ne tente pas généralement l'esprit d'aventure, j'hésitais encore à croire que ceux d'Allemagne qui mesuraient exactement les nouveaux succès que leur persévérance pouvait leur valoir dans l'avenir sur le marché mondial, aient été les auxiliaires de la caste militaire dans la poursuite d'une guerre qui, même en cas d'issue victorieuse, allait remettre tout en question. Et l'affaire ne pouvait pas se présenter autrement, parce que la victoire de la Germanie, tout en ne lui donnant pas un marché de plus ne pouvait, par la menace de domination qu'elle suspendait sur tous les peuples, que la rendre odieuse à tout l'univers. Depuis cette époque et à ce sujet, un événement décisif est intervenu : la publication du mémoire secret adressé le 20 mai 1915 au chancelier de l'Empire par la Ligue des agriculteurs, la Ligue des paysans allemands, le Groupement provisoire des associations chrétiennes de paysans allemands actuellement l'Association des paysans westphaliens, l'Union centrale des industriels allemands, la Ligue des industriels et l'Union des classes moyennes de l'Empire, mémoire qui fixe les conditions de la paix qui devra être imposée aux nations alliées. Ces conditions, « but principal de la lutte, dit le mémoire, but que Sa Majesté l'Empereur a lui-même fixé pour le dehors comme pour le dedans », n'envisage rien moins, par l'annexion de la Belgique et du nord-est de la France, que la conquête des régions industrielles destinées à apporter à l'Allemagne, avec des débouchés sur mer annihilant la puissance anglaise, le complément des charbonnages et des mines de fer dont la possession, en provoquant notre ruine définitive, assurerait en même temps son hégémonie totale.

Il n'y a donc plus de doute, et la guerre de rapacité telle que nous la voyons se poursuivre depuis le début a bien reçu dans son déclenchement la signature de l'industrie et du commerce allemands, aveuglés par l'orgueil et l'impatience d'obtenir, par un coup de force, cette suprématie mondiale à laquelle cependant la paix les conduisait peu à peu.

Certes, dans notre état d'impréparation, la rupture brutale a été dure pour nous. Nous avons déjà cependant fait face aux difficultés premières, et la guerre en se prolongeant nous permet de faire le bilan de tout ce qui nous manque et de voir les directives dans lesquelles nos efforts doivent se porter désormais. Les industries de guerre nous forcent à compléter les usines de matières premières que nous possédions déjà, à en créer pour d'autres que nous ne fabriquions pas, et déjà nous pouvons envisager que les acides sulfurique, nitrique, chlorhydrique, le chlore liquide, etc. ne nous feront plus défaut et que bientôt, à la soude que nous fabriquons déjà, viendront s'ajouter les dérivés de la potasse d'Alsace.

Je vous montrais il y a quelques jours que, si nous le voulons, nous trouverons dans les goudrons du gaz et du coke métallurgique une source importante de carbures, pouvant servir à la fabrication des matières colorantes, des produits pharmaceutiques et des parfums synthétiques. De plus, l'utilisation de nos chutes naturelles peut compenser dans une certaine mesure les quantités de charbon qui nous font défaut. Je ne vois donc pas ce qui pourrait empêcher chez nous la création et le développement des industries qui nous manquent, industries dans lesquelles, sous l'impulsion de techniciens qui ne demandent qu'à être employés, les capitaux français trouveraient la rémunération et la sécurité qui leur sont dues.

L'industrie des parfums synthétiques, qui, je vous le disais récemment, est très prospère en France grâce aux initiatives heureuses qu'elle a su prendre et conserver, nous montre ce que nous pouvons faire si nous le voulons dans cet ordre d'idées, et l'exemple de la Suisse qui, malgré l'absence totale de houille et de matières premières tirées du goudron et avec une industrie chimique minérale peu étendue, a cependant développé sa fabrication de matières colorantes au point que son commerce d'exportation atteignait 30 millions dont 4 millions pour l'indigo synthétique, avant la guerre, l'exemple de la Suisse nous montre que rien d'insurmontable ne s'oppose dans notre pays à l'entreprise de fabrications similaires.

Certes, il ne faut pas imaginer qu'il est possible de créer du premier coup en France un organisme d'envergure aussi puissante que celui dont l'Allemagne nous donne le type actuel. Comme en toutes choses, il faut prévoir un commencement autour duquel, avec la collaboration du laboratoire de recherches et de l'usine, viendront peu à peu se grouper les fondations nouvelles. C'est, d'ailleurs, de cette manière que l'industrie allemande a procédé et, si nous voulons rompre avec la routine en faisant appel à l'organisation scientifique qui jusqu'ici nous a fait défaut, il n'y a pas de raison pour que, à notre tour, nous n'obtenions les mêmes résultats satisfaisants.

Il faudra cependant que l'État nous aide dans cette initiative. Il le peut d'ailleurs facilement, et c'est ici que je voudrais vous exposer comment, pour l'emploi de certains produits, il est nécessaire de débarrasser l'industrie de certaines entraves qui, en plus de celles que je vous ai déjà énumérées, ont aidé à la placer dans des conditions difficiles de lutte vis-à-vis de l'étranger.

Examinons d'abord les modifications qui devront être apportées au système qui régit l'emploi de certains produits auxiliaires indispensables à l'industrie chimique, je veux parler de l'alcool et du sel marin.

Parlons tout d'abord de l'alcool. Il joue, en effet, un rôle important dans les industries qui nous occupent : 1° comme agent de dissolution et de cristallisation de certains produits : alcaloïdes, parfums artificiels et produits pharmaceutiques, d'où il peut être régénéré, sauf les pertes inhérentes à toute fabrication; 2° comme véhicule permanent dans la fabrication des vernis, des collodions, de certaines teintures et extraits; 3° comme matière première directe dans la fabrication de divers produits chimiques : éther, chloral, chloroforme, vinaigre, etc.

Les droits de consommation de l'alcool sont jusqu'ici de 220 francs par hectolitre à 100°. Ces droits très élevés ne peuvent être supportés par les industries chimiques, sauf en ce qui concerne la parfumerie proprement dite. La parfumerie est plutôt une industrie de luxe; elle peut donc récupérer sur le prix de vente la majoration qu'apportent à la fabrication de ses produits les droits si élevés sur l'alcool. Mais pour les autres industries on a dû créer un régime qu'on appelle le régime des alcools dénaturés et qui permet le plus souvent d'employer l'alcool en franchise de droits.

Les systèmes de dénaturation prévus sont de deux ordres. Le premier emploie ce qu'on appelle le dénaturant général. Ce dénaturant est constitué par le méthylène type Régie, qui est de l'alcool méthylique contenant 25 °/₀ d'acétone. On en ajoute 10 litres à 100 litres d'alcool titrant au minimum 90°, plus 0l500 de benzine dite lourde. Ce procédé de dénaturation ne convient qu'à l'alcool employé pour le chauffage, l'éclairage et la force motrice.

Pour les industries chimiques, les industriels sont autorisés à employer des dénaturants divers en rapport avec leurs fabrications, à la condition d'y être autorisés par le Comité consultatif des Arts et Manufactures. C'est ainsi, par exemple, que l'alcool destiné à la fabrication du chloroforme est dénaturé au moyen de 10 °/₀ de résidu de chloral, l'alcool pour la fabrication des aldéhydes avec 10 °/₀ d'acide sulfurique à 66°, l'alcool employé pour la fabrication du collodion avec son volume d'éther auquel on ajoute 6 °/₀ de fulmicoton, etc. De plus, les industries qui emploient l'alcool sont soumises au contrôle de la Régie sous deux formes : 1° l'exercice permanent, c'est-à-dire avec la présence continuelle de l'employé de la Régie ; 2° le contrôle temporaire donnant lieu de temps en temps seulement à la vérification du mouvement de l'alcool à l'intérieur de l'usine. Ce régime de contrôle peut avoir des inconvénients, puisque les employés de la Régie ont le droit de circuler partout dans l'usine, d'assister aux opérations de fabrication et peuvent, de ce fait, pénétrer certains secrets.

En Allemagne, la Régie n'exerce qu'un contrôle à l'entrée et à la sortie des marchandises, sans avoir le droit de pénétrer à l'intérieur des ateliers.

Il semble cependant que le régime français n'ait pas entraîné de plaintes sérieuses, d'abord parce que l'Administration s'est montrée très large dans le choix des dénaturants, et aussi parce que tout le monde comprend qu'un régime de surveillance est nécessaire pour éviter les fraudes, fraudes qui se produisent d'autant plus facilement que les droits sur l'alcool sont plus élevés. Vous savez qu'un récent projet déposé tend à les élever encore au-dessus du chiffre actuel.

Ce n'est donc pas là qu'il y a lieu de porter trop d'attention. Mais il n'en est pas de même quand on considère la variation du prix de l'alcool en France. Pour l'industriel, la fixité du prix des matières premières, tout au moins pendant un temps relativement long, est absolument nécessaire, afin qu'il puisse régler les conditions de sa fabrication de même que les conditions de ses marchés. Ceci n'existe pas pour l'alcool dont le prix est soumis non seulement aux fluctuations des conditions climatériques, mais aussi et principalement à la spéculation. On a vu des variations considérables sur le prix de l'alcool se produire en quelques semaines, et l'alcool passer du prix de 35 francs à 38 francs, 45 francs, 50 francs, 60 francs et même au-dessus.

Cette situation a existé aussi en Allemagne jusqu'en 1899. Pour y remédier, on a fondé l'Union syndicale des distillateurs, qui cède sa production au groupement des rectificateurs constituant une société centrale de vente chargée de répartir les bénéfices aux intéressés. Cette société de vente a compris que c'était sur l'alcool de consommation de bouche que ses bénéfices devaient être surtout réalisés, au moyen d'un prix plus ou moins élevé suivant les cas, une partie de ces bénéfices devant être sacrifiée pour maintenir à un prix non seulement bas, mais fixe l'alcool destiné aux usages industriels. Le prix de l'alcool industriel en Allemagne a été ainsi maintenu jusqu'à présent à environ 30 ou 31 centimes le litre.

Vous voyez encore là un exemple de l'aide que s'apportent, pour en bénéficier sur les marchés d'exportation, les industriels allemands des diverses catégories. Ce régime a été particulièrement favorable à la consommation dans l'industrie chimique et à la consommation totale de l'alcool industriel, consommation plus grande qui a ainsi limité les sacrifices faits par le syndicat de vente.

Les chiffres comparatifs de la consommation française et de la consommation allemande vous édifieront sur les résultats des deux systèmes. En France, avant la guerre, la consommation de l'alcool industriel n'atteint pas 700.000 hectolitres, sur lesquels 500.000 environ sont destinés à l'éclairage, chauffage et force motrice, et 200.000 aux industries chimiques. En Allemagne, la consommation dépasse 1.700.000 hectolitres, se répartissant en 1.250.000 hectolitres pour l'éclairage, chauffage et force motrice, et 450.000 hectolitres pour les industries chimiques.

C'est cette fixité de prix qu'il faut obtenir en France, si on veut faciliter le développement des industries chimiques et leur permettre d'être placées sur le même pied que leurs concurrents étrangers. C'est ce que semble prévoir l'article 17 du projet de loi sur le régime de l'alcool qui vient d'être déposé par M. Ribot, ministre des Finances, article qui dispose que la vente de l'alcool dénaturé destiné à l'éclairage, au chauffage ou à la force motrice et aux besoins industriels sera assurée par l'État, qui en fixera le prix de cinq ans en cinq ans. Le projet est excellent en lui-même, mais il ne dit rien sur ce que sera ce prix et comment on l'établira.

Il convient d'insister sur ce fait que, en plus de la fixité, c'est le bas prix qui a favorisé en Allemagne l'emploi industriel de l'alcool. Il importe donc qu'il en soit de même en France, et on ne voit pas comment ce problème sera résolu dans les périodes où les cours auront des raisons de s'élever. Pour remédier à cet inconvénient, il me semble qu'il n'y a qu'à appliquer le système du comptoir de vente allemand, c'est-à-dire de faire supporter à l'alcool de bouche, qui ne sera jamais trop cher, la diminution correspondant à l'alcool allant à l'industrie ou à des emplois domestiques ; en d'autres termes, le prix fixe et le bas prix doivent marcher de pair, si on veut placer l'industrie française sur le même pied que l'industrie concurrente. Ce double but doit être atteint, si on veut faire œuvre utile, par les amendements nécessaires au projet de loi déposé lorsque celui-ci viendra en discussion.

Il est d'autres produits, qui, à l'inverse de ce qui se passe pour eux en Allemagne, subissent en France un régime fiscal qu'il serait nécessaire de modifier aussi, pour faciliter l'essor des industries et les aider particulièrement dans la lutte sur les marchés d'exportation. Le sel est de ce nombre et je voudrais vous en dire un mot. Le sel paie un impôt de 10 francs par 100 kilos, ce qui est un droit presque égal à sa valeur. Ici encore, des facilités d'emploi sont données par l'État pour diverses industries et pour l'agriculture. L'agriculture a le droit de se procurer du sel dénaturé. La dénaturation est généralement faite par l'addition de feuilles d'absinthe ou l'addition d'ocre, c'est-à-dire d'oxyde de fer.

Certaines industries, comme la tannerie, la mégisserie, la fonderie, qui peuvent employer du sel dénaturé, ont droit à cette dénaturation. Elle se fait par l'addition, soit de naphtaline, soit de goudron de houille, soit de goudron de bois ou par tous autres procédés, pourvu que ces procédés soient acceptés par le Comité consultatif des Arts et Manufactures. Dans ces conditions, le sel est obtenu en franchise de droits.

Mais, pour les industries de la soude, pour la fabrication de l'acide chlorhydrique, du sel de Glauber, pour l'industrie des matières colorantes, la fabrication du savon, qui ont besoin de sel comme agent de réaction ou de précipitation, pour les verreries, etc., toutes usines qui ne peuvent employer que le sel à l'état pur et ne peuvent, par conséquent, subir le régime de la dénaturation, ce régime est différent et se rapproche de celui appliqué à l'emploi de l'alcool dans les industries diverses.

Les usines de soude sont soumises à un régime de surveillance permanente. Le sel est logé dans un magasin spécial dont l'entrée et la sortie sont dans les mains des employés de la Régie. Ceci entraîne le logement des employés et en plus le paiement de 30 centimes par 100 kilos de sel utilisé. Les autres usines sont libres de choisir ou une surveillance permanente ou une surveillance intermittente. Lorsque la surveillance est permanente, le traitement des employés est assuré par l'usine; lorsque la surveillance est intermittente, l'industriel paie 1 franc par 100 kilos de sel utilisé.

En Allemagne, il n'en est pas ainsi, le sel employé dans l'industrie est exempt de droits. En France, il ne l'est pas et, comme en industrie il n'y a pas de petites économies quand on considère le prix de revient, il apparaît que les droits sur le sel, si peu élevés qu'ils soient, grèvent tout de même ce dernier d'une élévation qu'il faut supprimer, si l'on veut placer notre industrie sur un pied d'égalité avec ses concurrentes.

Le sel et l'alcool ne sont pas d'ailleurs les seuls adjuvants industriels qui soient dans ce cas. L'alcool méthylique, l'éther, l'acide acétique, qui, dans les industries de matières colorantes, de produits pharmaceutiques, de parfums synthétiques, sont d'un emploi indispensable, sont frappés d'impôts élevés, — l'acide acétique par exemple paie 62f50 par 100 kilos, — alors qu'ils en sont exempts en Allemagne. Cela vous montre une fois de plus comment l'État allemand s'est fait jusque dans les plus petits détails le protecteur de l'industrie pour favoriser son expansion dans le monde.

Il n'est pas douteux que ces avantages subsisteront après la guerre, et il apparaît comme nécessaire que l'État français les accorde également à notre industrie si, comme c'est son devoir, il veut, non seulement faciliter la reprise du travail, mais encore aider les initiatives qui se mettront à l'œuvre pour réparer les erreurs du passé.

Ici se termine une partie de ma tâche. Au cours des conférences dont vous venez d'entendre la quatrième, j'ai complété, par des vues spéciales intéressant les industries les plus modernes, l'étude plus générale de l'année dernière, qui s'adressait aux différences des méthodes industrielles appliquées en Allemagne et en France. Je vous ai montré comment, par suite de ces différences, des industries puissantes avaient pu se développer chez nos ennemis à notre détriment, et par quelles réformes particulières nous devions passer si nous voulons dès maintenant, en édifiant ces industries, créer un tout dont les parties, en se soutenant mutuellement, facilitent à nouveau l'expansion générale de notre commerce. Mais, à côté de ces réformes spéciales, il en existe d'autres qui intéressent non seulement notre industrie chimique, mais notre avenir économique général, et dont l'examen s'impose pour compléter l'étude à laquelle nous nous livrons. Ce sera l'objet de notre prochaine et dernière conférence. (*Applaudissements.*)

CINQUIÈME CONFÉRENCE (1)

Conclusions générales. — La loi des brevets. — La protection nécessaire aux industries chimiques et le tarif douanier. — La modification des tarifs de transport. — Les devoirs de l'État. — L'union économique des Alliés et le futur traité de paix. — L'enseignement technique au point de vue matériel et moral. — L'esprit de concurrence à l'intérieur. — L'organisation après la victoire.

MESDAMES, MESSIEURS,

Dans mes conférences de l'année dernière, je vous ai exposé les différences de méthode qui ont présidé, particulièrement depuis nos défaites de 1870, au développement des industries chimiques, je pourrais presque dire de l'industrie en général, en France et en Allemagne : méthode individualiste, mais routinière d'un côté, méthode de progrès rationnel et d'effort collectif de l'autre, telles sont les caractéristiques de chacun des systèmes et qui suffisent à expliquer la supériorité des résultats obtenus par les Allemands.

Au cours de nos dernières réunions, je vous ai montré ces méthodes en action, en choisissant les industries les plus modernes, les unes en pleine maturité, les autres offrant déjà mieux que des promesses pour l'avenir.

Mon but, en agissant ainsi, était non seulement de vous donner des preuves concrètes de

(1) Conférence faite au Conservatoire national des Arts et Métiers, le lundi 20 mars 1916.

mes critiques précédentes, non seulement de vous indiquer en outre les lacunes spéciales de nos lois économiques, lacunes que nous devons combler, mais aussi de vous faire vivre au milieu de l'industrie elle-même, de vous faire voir comment elle naît et se développe et à quelle succession d'efforts scientifiques et pratiques il faut s'attacher pour la mener à bonne fin. J'espère avoir réussi, en vue de la cause que je défends en poursuivant d'une façon inlassable la réparation prochaine de nos erreurs, à vous pénétrer de la beauté captivante de ces efforts, qui d'ailleurs trouvent leur récompense dans le bien-être particulier et général qu'ils aident à créer et qui se trouve, à mon sens français, être le stimulant le plus énergique du progrès de la civilisation.

Ayant ainsi disséqué en quelque sorte l'organisme auquel, après la guerre, il nous faudra redonner force et vigueur, ayant en même temps formulé d'une façon spéciale les modifications qui s'imposent au régime qui a gêné jusqu'ici l'entrée à l'usine de matières premières diverses indispensables à l'industrie, il me reste à revenir, comme je m'y étais déjà attaché précédemment, au domaine général.

Je voudrais, en effet, pour terminer, fixer les données de certaines réformes, lesquelles, soit qu'elles relèvent du pouvoir législatif, soit qu'elles s'adressent à notre esprit d'organisation et d'entreprise, sont communes à l'ensemble de notre édifice industriel et commercial, et apparaissent ainsi comme nécessaires pour achever de débarrasser la voie des derniers obstacles qui l'encombrent.

Je voudrais, en premier lieu, vous parler de la loi des brevets. Sa modification est à l'étude depuis quelque temps. Des avis nombreux et motivés ont été émis à son sujet, aussi bien à l'intérieur des commissions parlementaires qu'au sein des associations industrielles. Aussi ce n'est pas sur le détail de ces avis que je voudrais m'étendre et sur lesquels il sera facile de se mettre d'accord, mais sur les deux points principaux qui sont encore controversés et qui sont, je crois, la cheville ouvrière de la législation qu'on essaie de modifier.

La loi allemande, vous le savez, a prescrit l'examen préalable des brevets et leur garantie par l'État. La loi française accorde sans examen tous les brevets demandés, laissant aux tribunaux le soin d'examiner leur valeur et d'établir ainsi la propriété de l'inventeur. Sur le point de savoir si l'on doit rester dans le *statu quo* ou, au contraire, admettre le régime du *Patentamt* allemand, les opinions restent partagées : les uns sont pour, les autres contre.

Je suis très nettement pour le régime de l'examen préalable et cela pour quelques raisons très simples. Le régime actuel noie, au milieu d'une poussière de brevets absolument sans valeur, les inventions les plus sérieuses et les entoure à l'avance d'un certain discrédit. Avant tout, et dans le plus grand nombre des cas, le brevet qu'on sait obtenu avec la facilité mécanique qui caractérise notre loi est frappé de prévention et, à moins que l'inventeur n'ait déjà une grande notoriété, il ne présente aucune de ces qualités morales qui sont nécessaires pour attirer l'attention. Sa mise en œuvre ne tente pas beaucoup les capitalistes. Au surplus, ceux-ci n'ignorent pas que leur confiance ne les met pas à l'abri de procès interminables dans lesquels l'invention la plus sérieuse peut sombrer et causer ainsi la perte des capitaux engagés.

Notre loi date de 1844. A cette époque, où les connaissances étaient moins répandues, où l'initiative des recherches était moins généralisée, elle pouvait avoir telle quelle sa raison d'être, en apparaissant surtout comme un stimulant à l'esprit d'invention.

Aujourd'hui, il n'en est plus de même. Du haut en bas l'enseignement s'est dispersé, en même temps que l'industrie, en se développant, a appelé à s'occuper d'elle un plus grand nombre de bras et de cerveaux. Ce n'est donc plus vers la quantité qu'il faut diriger les investigations, mais vers la qualité. C'est pourquoi je pense que, pour répondre aux préoccupations de notre temps, la loi de 1844 doit être modifiée dans le sens d'une sélection qui implique l'examen préalable, sélection qui débarrassera rapidement l'Office de la Propriété industrielle de toutes sortes de revendications sans valeur pour laisser la place aux inventions réelles, qui jouiront dès lors de la confiance qui leur a manqué si souvent.

Certes, comme je le disais l'année dernière, l'examen préalable ne mettra pas à l'abri des erreurs ; mais cet inconvénient sera largement compensé par l'autorité mondiale qu'il conférera à notre législation et dont le renom rejaillira sur notre industrie, ainsi que le prouve d'ailleurs l'expérience de la législation allemande.

Dans le même ordre d'idées, la seconde modification dont je voudrais parler est celle qui touche à la brevetabilité des produits et des procédés.

La loi française protège le produit; la loi allemande protège seulement le procédé. La loi française a évidemment un grave inconvénient. Elle nuit à l'inventeur d'un procédé nouveau et prive ainsi la collectivité du bénéfice qu'elle pourrait retirer d'inventions qui auraient pour effet d'abaisser le prix de revient de produits brevetés.

Il est certain, d'autre part, que l'effet de cette jurisprudence, en brisant des initiatives qui d'avance apparaissent sans profit, conduit l'industrie à la routine.

Je pense donc que sur ce terrain la loi de 1844 doit être modifiée; mais je pense en même temps que, comme il arrive d'ailleurs si souvent, la meilleure façon d'opérer n'est pas dans le maintien du *statu quo*, n'est pas non plus dans l'adoption pure et simple du système allemand, mais dans un compromis qui représente le juste milieu.

La découverte d'un produit nouveau, surtout à notre époque, n'est pas chose si facile qu'on puisse la traiter — après — avec dédain, et l'exemple de l'œuf de Christophe Colomb ne doit pas cesser de nous inspirer. Si le produit nouveau n'existait pas, le second inventeur ne serait pas né et ceci ne peut faire oublier que, comme l'enfant à l'égard de ses père et mère, ce second inventeur doit avoir quelque considération à l'égard du premier. La justice serait satisfaite, à mon avis, si la loi, tout en autorisant toujours la brevetabilité du produit nouveau, admettait aussi la brevetabilité du procédé, étant en outre défini que, pendant la durée de son brevet, l'inventeur du produit aura droit à une part des bénéfices réalisés par le procédé nouveau, part que je ne détermine pas, qu'on peut faire varier suivant certaines conditions, mais qui, dans tous les cas, me paraît légitimement due. Ce système de protection serait dans tous les cas un grand progrès sur le système ancien, puisqu'il stimulerait dans toutes les directions la recherche de la nouveauté qui constitue le progrès.

Enfin je suis d'avis que cette jurisprudence nouvelle devrait s'appliquer aux produits pharmaceutiques, à condition que la préparation en soit effectuée sous la direction d'un pharmacien responsable.

Passons maintenant à la question douanière. Je ne pense pas que la conclusion de la paix ramène sur le tapis, dans notre pays du moins, la discussion pratique, toujours ouverte au point de vue doctrinal, entre le libre-échange et la protection.

Certes, la théorie libérale, qui voudrait que chaque nation ne fabrique que les matières que ses avantages naturels lui permettent d'obtenir aux plus bas prix et qui ainsi favorisent ses échanges, est toujours séduisante; mais elle n'aurait de valeur que si elle était pratiquée par tous. Là comme ailleurs, il faut vivre et, en présence d'une politique générale qui a comme base les tarifs plus ou moins prohibitifs, forger des armes dont le maniement opportun permet à certains moments les conversations utiles au maintien de certaines libertés intérieures, commerciales, industrielles ou autres.

Il est juste de dire que, depuis 1870 et grâce à l'usage qu'elle a fait de l'article 11 du traité de Francfort, l'Allemagne n'a pas facilité la politique d'échange entre les nations. Bien plus, depuis le début de ce siècle, elle n'a poursuivi que leur assujettissement de plus en plus complet à sa puissance commerciale. On a senti plus particulièrement cette volonté lorsque l'État, en prenant la direction des cartels, a généralisé dans ces associations la politique des primes à l'exportation qui s'appelle le *dumping,* lorsque aussi, pour s'ouvrir des marchés nouveaux, il a habilement interprété la clause de la nation la plus favorisée, par le système des spécialisations qui ne l'engageait en somme que vis-à-vis des pays qu'il voulait amener à des concessions favorables pour ses exportations.

C'était là, déjà, une politique de guerre déguisée qui, de notre côté particulièrement, ne pouvait être combattue que par le renforcement de notre tarif fait en 1910.

Ceci est le passé, et l'avenir dans cette voie ne semble pas meilleur. Il suffit de lire certaines publications allemandes de l'heure présente pour se rendre compte de ce que les Allemands feraient de notre liberté économique s'ils étaient victorieux. Ils dominent suffisamment l'Autriche-Hongrie pour que nous nous rendions compte que son entrée dans le Zollverein, dans l'union douanière allemande, sera chose faite au jour de la paix. Mais ils ne se cachent pas de compter sur l'asservissement de la Belgique, de la Hollande même, je ne parle pas des Balkans, pour créer un vaste empire douanier qui régnerait en maître sur les destinées commerciales de l'Europe d'abord et du monde entier ensuite. La Fontaine nous conte qu'une certaine grenouille eut aussi des désirs analogues.

Quoi qu'il en soit, si on tient compte de ces faits, si on ajoute que, si nous n'y prenons garde, — et je reviendrai tout à l'heure sur cette question — l'expérience que possède l'Allemagne dans tous les domaines de la production pourrait rapidement nous jouer quelque mauvais tour après la paix, on n'aperçoit pas que la politique de défense douanière puisse de sitôt faire place à celle du libre-échange.

Certes, il est à souhaiter et il est probable que, sur le terrain économique, l'union se fera entre les Alliés aussi étroite qu'elle l'a été sur le terrain militaire. A ce sujet, le programme tracé par la réunion des chambres de commerce anglaises et le projet de la conférence des Alliés, qui doit se tenir prochainement à Paris, sont de nature à nous inspirer confiance. Pour nous d'ailleurs, cette union apparaît d'autant plus facile que le régime des conventions, malgré l'établissement de notre tarif minimum, n'a pas cessé d'être une de nos règles économiques. Mais ce départ étant fait, il reste toujours en face l'industrie allemande, contre l'emprise de laquelle il faut nous garantir si nous voulons régénérer la nôtre. Et ceci remet devant nos yeux les inconvénients de notre tarif existant dont je vous ai fait part.

Ayant été rapporteur de la Commission des douanes de la Chambre des Députés dans la période de revision qui a abouti à la loi douanière de 1910, je sais dans quel esprit cette revision a été effectuée. Animée avant tout du désir qu'elle avait de ne rien faire qui pût compromettre la paix que la France désirait maintenir, la Commission des douanes, d'accord avec le Gouvernement et les Chambres, s'est efforcée de conserver le cadre de la loi de 1892 et de n'introduire que des modifications dont l'absence ne pouvait prétendre à aucune légitimité.

La situation ayant changé par le fait de la guerre, il est certain qu'une revision générale s'imposera, en accord avec l'état d'esprit qui régnera après la conclusion de la paix. Je l'indique seulement en passant, n'ayant à me préoccuper que de ce qui concerne les industries chimiques, pour lesquelles — je vous l'ai montré — des lacunes importantes ont été signalées.

Pour favoriser l'ensemble de ces industries, il faudra soit exempter complètement, soit étendre largement le régime de l'admission temporaire à toutes les matières premières nécessaires de façon à réduire autant que possible, en vue de l'exportation, le prix des produits fabriqués.

Dans cette voie, notre régime s'est montré jusqu'ici d'esprit vraiment trop rétréci. Il faut que nos administrations fiscales comprennent que l'industrie a besoin, pour se développer, d'avoir les coudées franches, et qu'il n'est pas plus difficile de faire coïncider en France le libéralisme et la surveillance nécessaires qu'il ne l'a été en Allemagne où le rôle de l'État est cependant autrement despotique que chez nous.

Pour les cas cependant où des difficultés réelles existent, la création non pas de ports francs, comme on le dit si souvent à tort, mais de zones franches dans nos ports, où pourront s'accomplir, sans complications douanières, toutes manipulations utiles aux produits du commerce extérieur, cette création, dis-je, est vraiment désirable.

Des projets de loi ont été déposés à ce sujet et de savants rapports rédigés depuis longtemps comme conclusion à ces projets. Le problème est donc tout prêt à recevoir sa solution législative.

Le n° 282 du tarif actuel doit également être modifié. Dans ce numéro viennent s'inscrire tous les produits non repris nommément au tarif et qui sont taxés à 5 °/。 de leur valeur, plus les droits afférents à l'alcool s'il y a lieu, lorsque la taxation *ad valorem* est inférieure à celle qu'entraîne l'emploi de ce produit dans la fabrication.

Je vous ai montré, par des exemples précis et en particulier à l'occasion de l'étude des produits pharmaceutiques, comment, à l'aide de l'impersonnalité de ce numéro, les Allemands ont pu éviter les droits plus élevés inscrits à d'autres numéros et même tromper sur la qualité et la valeur de la marchandise importée.

Pour éviter le retour de pareils procédés, il me paraît nécessaire déjà de faire sortir des prescriptions du n° 282 les produits assimilables aux tarifications nettement définies, comme on l'a fait, par exemple, pour les dérivés secondaires du goudron de houille, et de le libeller de telle façon que, si dans l'avenir des oublis apparaissent, ceux-ci puissent être mécaniquement réparés par l'interprétation administrative.

Pour faciliter dans l'avenir le fonctionnement légal de ce numéro, une autre mesure me paraît nécessaire. Dans la publication par le ministère des Finances des documents statistiques réunis par l'Administration des Douanes sur le commerce de la France, les produits taxés *ad valorem* sont indiqués en bloc : pour l'année 1913, ils s'élèvent à 22.079.000 kilos valant 12.492.000 francs.

Il serait utile de voir figurer ces produits en détail dans les documents officiels, d'abord parce que leur désignation aiderait, par la collaboration des intéressés et de l'Administration, à une surveillance dont la nécessité n'est plus à démontrer, ensuite parce que ces renseignements, en complétant les données sur le mouvement annuel des produits chimiques, pourraient entraîner des initiatives industrielles intéressantes pour notre pays.

Je passe maintenant aux lacunes correspondant aux dérivés du goudron de houille.

Au n° 280 figurent : 1° les matières premières dérivant directement du goudron de houille : carbures, phénol, etc., qui sont exemptes; 2° les produits chimiques dérivés des produits de la distillation de la houille, longue nomenclature d'une quarantaine de lignes, dans laquelle on a groupé, rangés autant que possible en familles, tous les produits de la transformation des carbures du goudron qui se rapprochent peu à peu, par le jeu des réactions chimiques, des matières colorantes définitives et qui paient

23 francs au tarif général et 15 francs au tarif minimum par 100 kilos, non compris, lorsqu'il y a lieu, les droits afférents à l'alcool employé.

Au n° 294 figurent les teintures dérivées du goudron de houille qui paient 100 francs aux 100 kilos lorsqu'elles sont à l'état sec et 56 francs aux 100 kilos lorsqu'elles sont en pâte renfermant au moins 50 °/₀ d'eau, sauf l'acide picrique qui est taxé à 20 francs seulement.

Ainsi que je vous l'ai démontré précédemment, dans ce cas, la protection douanière appelle des modifications. Elle consiste, d'une part, en maintenant toujours exempts les produits dérivant directement du goudron de houille, à assimiler tous les produits intermédiaires du paragraphe 2 du n° 280 aux matières colorantes elles-mêmes et à leur faire payer des droits égaux à l'entrée.

D'autre part, si l'on veut favoriser en France la fabrication de certaines couleurs synthétiques, comme l'indigo par exemple, dont nous sommes de gros consommateurs et dont le commerce d'exportation peut laisser de gros bénéfices, la consommation totale étant d'environ 12 millions de kilos valant près de 100 millions de francs, il faudra, comme on l'a fait pour l'acide picrique, faire sortir ces couleurs du n° 282 dont la formule est générale et les taxer nommément à un droit plus élevé, cette élévation ayant pour base l'avance que possède l'industrie allemande, relativement au prix de revient, et qu'il est facile à des spécialiste de chiffrer.

Il faut remarquer d'ailleurss que la consommation française n'a aucune raison de s'opposer à ces modifications. Le relèvement qu'elles comportent, pourtant nécessaire pour l'édification d'une industrie nationale des couleurs, ne représente, en effet, pour les teinturiers qu'une augmentation infime, le kilo d'une couleur quelconque pouvant servir, en effet, à la teinture d'un nombre relativement considérable de mètres d'étoffe, le mètre de celle-ci ne se trouvant par conséquent grevé par ce relèvement que d'une somme insignifiante.

Telles sont, Mesdames et Messieurs, les réformes que j'entrevois comme urgentes à apporter à notre tarif pour favoriser la renaissance de nos industries chimiques.

D'autres modifications d'ordre général ou particulier sont très probablement nécessaires également. Une enquête analogue à celle que la Commission des douanes a entreprise à la veille de la loi de 1910 les fera rapidement connaître et définira ainsi l'œuvre complète de défense qui nous a manqué jusqu'ici contre l'Allemagne envahissante.

Mais il ne suffit pas d'avoir, par différentes mesures comme celles que je viens d'examiner, favorisé l'éclosion des industries chimiques dans le pays, il faut aussi, pour qu'elles vivent et se développent, aider la circulation et l'échange des matières premières et des produits fabriqués par la facilité et le bon marché des transports. L'amélioration et l'agrandissement des ports, l'extension de la navigation fluviale par l'intermédiaire des canaux sont à ce sujet parmi les conditions qui s'imposent. Néanmoins, les transports par chemins de fer, à cause de la rapidité des relations qu'ils établissent à l'intérieur et avec l'extérieur, restent les plus importants et comme les facteurs mêmes de la vie industrielle et commerciale de notre époque.

En Allemagne, c'est l'État qui est l'entrepreneur de ces transports ; en France, ce sont les compagnies de chemins de fer, avec des tarifs homologués par l'Administration publique, tarifs qui peuvent comprendre des barèmes spéciaux destinés à diminuer les frais d'expédition de certaines marchandises qui ne pourraient pas sans préjudice supporter la tarification ordinaire.

« Les tarifs spéciaux, dit M. Hauser, dans son livre récent sur *Les Méthodes allemandes d'expansion économique,* qu'il est toujours difficile chez nous de faire admettre par l'opinion, sont presque la règle en Allemagne. Ils sont généralement combinés, soit de façon à défendre une industrie menacée par la concurrence étrangère, soit de façon à favoriser l'exportation. Dans le premier cas, le tarif ajoute aux taxes douanières une taxe nouvelle, non inscrite dans les traités, mais souvent plus efficace. Dans le second cas, au dumping pratiqué par les cartels, il superpose un dumping supplémentaire ; il aide l'industrie allemande à briser la barrière élevée par les tarifs douaniers. »

Je puis illustrer par quelques exemples la situation inférieure créée par de telles pratiques à l'industrie française. J'emprunte le premier à mon rapport à la Commission des douanes de la Chambre. Il est relatif à l'acide carbonique liquide dont la fabrication est déjà si favorisée en Allemagne par l'existence de nombreuses sources naturelles.

« Or, disais-je dans ce rapport, outre les

avantages dont nous avons déjà parlé plus haut, nos concurrents en trouvent un autre très marqué encore dans les conditions de transport de la marchandise. En effet, les tarifs de transport appliqués sur les chemins de fer allemands sont bien moins élevés que sur les chemins de fer français. Par wagons complets de 5.000 kilos et au-dessus l'acide carbonique liquide est admis à voyager à un tarif qui peut être assimilé à la troisième série de notre tarif général, tandis que chez nous on lui applique la première série du tarif général, la plus élevée de toutes. Comme comparaison, on peut indiquer que l'acide carbonique provenant des sources naturelles de Hönningen-sur-Rhin ne coûte, pour arriver à Nancy, que 0f137 de frais de transport et de droit de douane qui, ajoutés au prix de vente par cette fabrique de 6 centimes par kilo, donne un prix de revient, en gare de Nancy, de 0f197, alors que le prix de revient aux usines de Nancy paraît atteindre 0f25 par kilo, soit 5 centimes en plus, non compris l'intérêt et l'amortissement d'un matériel fort coûteux. »

Voici un autre exemple qui relève encore de mes études personnelles :

Le poids mort autorisé par le tarif 129 de nos chemins de fer, plate-forme plus emballage, ne doit pas dépasser 8.500 kilos. Or, lorsqu'il s'agit de produits qui ne peuvent voyager que dans des vases de grès, jarres ou autres, ce poids mort est facilement dépassé. Pour une expédition minimum de 8 jarres de 1.000 litres, cet excédent est de 1.000 kilos qui doivent payer aller et retour 5 centimes par kilomètre, ce qui grève ainsi d'une somme relativement élevée les frais d'expédition. En Allemagne, la tare permet de loger 12 jarres de même capacité sans qu'on ait à payer d'excédent et, ce qui est pis, les plates-formes ainsi chargées pénétrant en France peuvent circuler sur nos lignes sans payer l'augmentation qui est imposée à nos industriels.

Je me suis laissé dire que, pour transporter le carbure de calcium produit en Savoie dans la région de Paris, il en coûtait moins cher de le faire sortir de France et d'emprunter le tarif international Suisse, Allemagne et Belgique, que de l'adresser directement.

M. Gall, président de la Société des Ingénieurs civils et administrateur de la Société d'Électro-Chimie, s'est fait, à la Société d'Encouragement pour l'Industrie nationale, l'écho de plaintes analogues à celle que je formule. Il s'est exprimé de la manière suivante :

« Il faudrait aussi que nos compagnies de chemins de fer renoncent à frapper de tarifs prohibitifs les produits intermédiaires qui ne sont pas encore ceux de la grande industrie et qui ne le deviendront jamais à cause desdits tarifs. Combien tous ceux qui s'occupent d'industries chimiques ont-ils eu à lutter avec la fameuse tarification du transport des matières dangereuses, qui a eu pour effet de quadrupler les barèmes de nos compagnies de chemins de fer. Les gaz comprimés, le chlore liquide, les métaux alcalins et tant d'autres sont frappés de tarifs prohibitifs, tandis que nous voyons en Allemagne l'acide sulfureux et l'acide carbonique liquide — et j'ajoute, le chlore liquide — voyager en wagons-citernes. »

Ainsi, en Allemagne, les facilités et les tarifs spéciaux sont la règle · en France, ils sont plutôt l'exception.

Vous le voyez, c'est donc un esprit nouveau qu'il faut infuser à nos entreprises de transports. Il faut qu'elles comprennent que l'effort des industriels sera vain si, pour arriver à l'usine ou pour en sortir, les matières premières ou les produits fabriqués sont chargés de frais que les concurrents ne supportent pas. L'industrie est un bloc et, pour prospérer, il faut que, dans toutes ses parties, tout concoure à la faciliter. Il est à remarquer, dans le cas particulier, que ces facilités, en aidant à l'augmentation de la production, feront récupérer largement sur les quantités transportées les pertes résultant de l'abaissement des tarifs consentis.

Vous voyez, Mesdames et Messieurs, par l'ensemble des modifications diverses que je signale comme nécessaires pour porter aussi haut que possible le rendement de nos industries, que le travail réformateur ne manque pas et qu'il faut pouvoir compter, pour le mener à bien, sur la collaboration active et bienveillante, avec les intéressés, de tous les pouvoirs de l'État.

A ce dernier d'ailleurs, comme à l'industrie chimique française — le mot industrie étant pris ici dans son acception la plus générale — incombent d'autres devoirs, et c'est sur ceux-ci que, pour accomplir complètement la tâche que je me suis proposé de remplir, je voudrais, en terminant, appeler votre attention.

Dans ma première conférence de l'année dernière, je vous définissais comment, par la conception de sa toute-puissance, l'État allemand prétend être l'organisme d'absorption finale de toutes les forces de l'individu. Notre éducation démocratique, faite au contraire de reprises successives sur l'autorité du pouvoir central, ne peut s'accommoder d'un pareil despotisme, et ceux-là se grisent de mots qui croient qu'un régime où l'État aurait la direction de toutes les forces de l'activité du pays pourrait résister vingt-quatre heures à la contrainte désordonnée qu'il imposerait aux citoyens français.

La guerre nous fait assister, d'ailleurs, à une sorte d'essai forcé de ce régime, et la conclusion qui non seulement apparaît comme évidente, mais qui servira d'enseignement pour le labeur de demain, c'est que la force du pays ne réside pas dans une organisation bureaucratique dont le nombre augmente l'irresponsabilité, mais, au contraire, dans un système qui fait fond sur les initiatives individuelles ou déjà groupées et prétend seulement les coordonner en vue des efforts à produire dans les directions les plus diverses. Et je ne crois pas me tromper en disant que, demain plus que jamais, nous n'accepterons la souveraineté de l'État autrement que pour qu'il fasse, à tous moments, l'inventaire des moyens propres à tirer parti de toutes les ressources physiques et morales dont dispose la nation et qui, utilisées suivant les règles tutélaires qu'il aura établies, permettront à chacun de mettre en valeur les qualités dont il dispose sans nuire à la liberté d'autrui et avec la certitude d'une récompense proportionnée à ses services.

Mais il ne suffit pas pour l'État de connaître le devoir d'organisation qui lui est propre en même temps que celui de protecteur du travail national et d'arbitre dans les conflits d'intérêts généraux qui peuvent s'opposer d'une région à une autre. Ce rôle, avec ses attributions diverses, il faut qu'il le remplisse efficacement, c'est-à-dire avec une vigilance et une continuité de vues qui lui ont manqué jusqu'ici. Ce n'est pas d'aujourd'hui que toutes les questions que nous examinons en ce moment sont posées devant lui : questions de propriété industrielle, de douanes, de tarifs de transport, agrandissement des ports, établissement de zones franches dans les ports, multiplication des voies navigables, concessions minières, houille blanche, crédit financier, enseignement technique et professionnel, etc., tous ces problèmes sont depuis longtemps posés devant le Gouvernement et les Chambres sans que les études auxquelles quelques-uns déjà ont donné lieu aient pu être sérieusement examinées en vue des réglementations nécessaires.

Or, dans l'organisation de nos forces productives au lendemain de la paix, c'est l'Etat qui aura la plus grande responsabilité en vertu de l'autorité avec laquelle il peut imposer les pouvoirs qui se confondent avec les devoirs que je définissais tout à l'heure. Si, à ce point de vue, demain ressemble à hier, si la politique pure ne consent pas à céder à la politique économique le temps nécessaire à des solutions qui sont urgentes, il faut dire de suite qu'aucune initiative ne sera possible et que nous enregistrerons nous-mêmes la décadence définitive de notre industrie et de notre commerce. (*Applaudissements.*)

J'ai confiance que la dure leçon que nous

donne journellement une guerre qui se prolonge ne sera perdue ni pour le Gouvernement ni pour les Français, et que ceux-ci, taisant aussi leurs querelles d'antan, faciliteront sa tâche en conservant pendant la paix cette union sacrée dont ils donnent un si bel exemple depuis le mois d'août 1914 et sans laquelle, on le conçoit, aucune restauration ne saurait être sérieusement tentée. (*Applaudissements.*)

J'ai défini précédemment les termes de l'œuvre à laquelle, avec la collaboration des compétences nécessaires, l'État devra s'attacher. Elle a pour but d'éviter les erreurs sur lesquelles l'Allemagne a tablé pour établir chez nous sa suprématie. Mais il est bon de ne pas s'illusionner : on ne détruira pas le peuple allemand, pas plus que les qualités d'organisation qu'il possède et qui lui ont donné sur nous une avance qui, si nous n'y prenons garde, lui permettra de profiter de la destruction d'une grande partie de nos industries et de l'état inférieur des autres pour achever sa domination.

C'est donc dès maintenant qu'il faut songer au but que nous voulons poursuivre en préparant par un traité de paix bien conçu la paralysie de cette avance indiscutable, tout au moins pour une durée qui nous permettra de réparer nos ruines, de sortir ensuite de la période de tâtonnements et de pouvoir enfin donner notre plein effort industriel.

Il n'entre pas dans le programme que je me suis tracé de définir d'une façon concrète les articles économiques de ce traité. Mon rôle doit se borner à en signaler dès maintenant l'importance et c'est pourquoi je suis, en cette matière, particulièrement satisfait d'avoir lu, dans un discours prononcé à la Chambre des Communes, le 10 janvier dernier, par M. Runciman, ministre du Commerce, les déclarations suivantes :

« L'Empire britannique se remettra des conséquences de la guerre plus rapidement que n'importe quel autre pays et ce sera son devoir, dans la mesure de ses forces, de remettre sur pied les affaires de l'Italie, de la France et de la Russie. Il ne faudrait pas pourtant que l'Allemagne fût réduite à une période prolongée de pauvreté. Mais nous exigerons qu'en aucun cas le rétablissement des affaires de l'Allemagne ne puisse causer le moindre préjudice à la France, à l'Italie, à la Russie et à la Grande-Bretagne et pour cela nous déclarerons nettement au moment de la signature de la paix que nous ne permettrons pas que celle-ci soit pour l'Allemagne une occasion de se livrer à une guerre économique victorieuse contre ses voisines. » (*Applaudissements.*)

Ces déclarations répondent aux préoccupations dont je me fais l'écho. Mises en exécution, elles ne seront d'ailleurs que la sanction du crime que l'Allemagne a commis en tablant sur l'enjeu de la guerre pour établir d'un seul coup, sur notre pays, un asservissement qu'à son gré le régime de paix n'amenait pas assez vite.

Il est cependant un point du rôle de l'État sur lequel je me suis déjà expliqué en partie l'année dernière et sur lequel je voudrais encore insister pendant un instant : c'est celui qui a rapport à l'enseignement technique et professionnel.

C'est déjà un grand point qu'en nous faisant faire un retour sur nous-mêmes, la guerre ait, dans notre pays, enfin convaincu les plus récalcitrants que l'industrie sans le concours de la science ne peut que s'enliser dans la routine et que, dans l'avenir, l'une et l'autre, comme en Allemagne, doivent marcher associées. C'est pour aider à cette association que l'État doit veiller d'une façon toute particulière à la formation des cadres de l'armée industrielle, depuis les apprentis jusqu'aux directeurs.

J'ai montré l'année dernière avec des chiffres à l'appui combien, malgré des initiatives intéressantes, la formation des cadres secondaires et inférieurs avait été négligée jusqu'ici au détriment de l'ensemble, et j'ai insisté sur le devoir moral qui incombe à l'État de veiller, après le départ de l'école primaire, au sort utile que doit recevoir toute la jeunesse de France. Je n'y reviendrai pas.

Au sujet de l'enseignement supérieur technique, des projets qui partent d'un excellent sentiment ont été élaborés et il faut s'en féliciter, ne fût-ce que parce qu'ils ont posé officiellement un problème dont on ne peut ainsi désormais éluder la solution. Ces projets seront examinés ailleurs et ce n'est pas ici le lieu d'établir un programme dont la discussion demanderait un examen prolongé. Il me sera cependant permis de dire qu'il y a avant toute chose quelques réalités qu'il ne faut pas perdre de vue.

Et d'abord, comme je l'ai déjà fait remarquer en ce qui concerne cet enseignement supérieur, un gros effort a été fait dans ces derniers temps non seulement par la création d'écoles spéciales diverses, mais par son introduction dans la plupart des facultés des sciences des universités.

On peut songer à le généraliser, à le combiner avec des écoles pratiques s'adressant d'une façon plus concrète aux industries régionales, mais il constitue dès maintenant une base solide sur laquelle l'expérience déjà acquise permet de faire pousser un édifice plus complet.

Dans tous les cas, c'est une erreur de croire que c'est en créant des diplômes nouveaux, de quelque titre industriel qu'on les pare, qu'on donnera plus de valeur à cet enseignement supérieur. Les problèmes que le chimiste rencontre à l'usine ne se traitent pas d'autre manière que ceux qu'il a appris à résoudre au laboratoire de l'école, et il sera toujours capable de les aborder si celle-ci a développé chez lui, sans surcharges inutiles, une éducation générale scientifique suffisante complétée par l'idée que les solutions cherchées n'ont de valeur que si elles se prêtent aussi facilement que possible aux réalisations. C'est en associant ces données qu'on peut définir la différence qui existe entre la théorie pure et la pratique et non en posant dédaigneusement, comme un axiome, cette contre-vérité que l'une est complètement étrangère à l'autre.

Au surplus, le chimiste formé aux bonnes méthodes d'analyse, de préparations et de recherches, devenu ainsi capable de se spécialiser, ne tardera pas à tirer profit des qualités que la méthode ainsi définie aura développées en lui, lorsqu'il aura pénétré à l'usine, qui reste le lieu seul où puissent véritablement se donner les leçons complémentaires profitables à l'industrie elle-même.

L'enseignement supérieur technique ainsi compris a fourni depuis vingt ans suffisamment de techniciens pour montrer le fond qu'on peut faire sur lui et c'est pour des causes indépendantes de sa volonté qu'il n'a pas d'une part pris plus d'importance, d'autre part joué sur la production française un rôle égal à celui que l'on constate en Allemagne.

Et le mal serait, au moment où on se propose de réformer ou de perfectionner ce qui existe, de méconnaître ces causes dont l'importance est capitale. Pour former des élèves et leur faire parcourir le cycle des études dont ils devront tirer parti dans l'industrie, il faut un outillage varié : laboratoires, appareils, modèles, publications diverses, outillage qui se renouvelle et se complète sans cesse au fur et à mesure des progrès de la science.

Pour posséder cet outillage et l'entretenir suivant les conditions modernes, il faut de l'argent. C'est parce que, par la collaboration généreuse de l'État et des industriels, l'Allemagne a largement doté ses instituts et ses écoles, qu'elle a pu former le personnel nécessaire à l'œuvre industrielle formidable qu'elle a édifiée. J'aurais vraiment trop d'humiliation à établir le parallèle pour notre pays et à vous montrer la vétusté des laboratoires dans lesquels vivent les professeurs français et les crédits de famine dont ils doivent tirer parti. Je n'y insisterai donc pas; mais je dirai très nettement que ce n'est pas avec des définitions et des programmes, si bien tournés qu'ils soient, qu'on réparera les erreurs commises. Si la même situation précaire reste faite aux budgets des laboratoires de France, on ne tardera pas à s'apercevoir que la bonne volonté ne suffit pas pour créer et que, dans cet ordre d'idées comme ailleurs, la littérature n'a de valeur que si elle est accompagnée du grain de mil dont parle le fabuliste.

D'autre part, l'État doit songer aussi qu'il ne s'agit pas seulement pour lui de former des chimistes, des électriciens, en un mot des techniciens de tout ordre, il faut qu'ils soient utilisés et rémunérés suivant leurs mérites. J'ai montré l'année dernière que jusqu'ici, et inversement encore à ce qui se passe en Allemagne, ces conditions n'ont pas été remplies. Si pareil état de choses devait continuer, l'œuvre de rénovation de l'enseignement technique serait inutile, nuisible même à la société, puisqu'elle ne contribuerait qu'à faire plus de déclassés et de parias.

Ceci ne peut être évité que si, d'une part, l'État exerce vraiment les fonctions d'organisateur et de protecteur des forces nationales que j'ai définies précédemment et si, en revanche, les industriels font largement appel à tous les concours techniques nécessaires pour développer les fabrications que la situation économique intérieure ainsi créée leur permettra d'entreprendre.

Mais, à mon sens, l'œuvre de l'enseignement technique qu'il importe à l'État d'organiser doit se compléter du haut en bas de l'échelle par un enseignement moral, et vous permettrez à un homme qui a été mêlé au mouvement politique et social de son pays, qui de temps en temps s'y mêle encore et qui, dans sa courte carrière de représentant du peuple, a eu sous les yeux le spectacle de conflits économiques des plus pénibles à résoudre, de vous faire part des réflexions que ce spectacle lui a suggérées et de vous dire à ce sujet toute sa pensée.

L'usine groupe, en des rapports journaliers, des hommes de condition intellectuelle et sociale différente et qui, cependant, doivent concourir au même but. Il importe donc que ces hommes se comprennent et mettent sans arrière-pensée leurs efforts en commun.

En Allemagne ce résultat s'obtient, nous en sommes maintenant tous convaincus, par une éducation de contrainte qui commence dès l'âge le plus tendre et habitue peu à peu l'homme à n'être qu'un rouage de la machine dont l'État dirige la production. Abstraction faite de toutes conditions extérieures, il faut bien reconnaître que la coordination des mouvements ainsi obtenue est favorable au rendement et c'est à elle que l'Allemagne doit les résultats industriels et commerciaux que nous constatons, de même que le prolongement de sa résistance militaire.

L'émancipation d'esprit à laquelle nous sommes arrivés condamne d'avance chez nous l'application d'une telle méthode, et c'est à d'autres moyens que nous devons faire appel si nous voulons obtenir de chacun le rôle utile qu'il doit remplir dans la société. Si on en juge par les résultats antérieurs à la guerre, il semble bien que ces moyens n'aient pas été ou aient été souvent mal employés par les uns comme par les autres, puisque nous ne sommes pas parvenus à établir en France cette discipline sans laquelle les résultats ne sont pas atteints ou ne le sont qu'insuffisamment.

C'est l'heure ou jamais de nous corriger de ces défauts et d'en tarir la source si nous voulons être dignes de ceux qui font si héroïquement le sacrifice de leur vie et montrent chaque jour que le fond de la race française est resté pur et que celle-ci est toujours capable de fonder un avenir digne de son passé. Pour cela, il faut faire un retour sur nous-mêmes et nous pénétrer de quelques vérités qui semblent un peu obscurcies par le mirage des mots.

Nous sommes les fils de la Révolution. Par elle nous avons conquis la liberté de disposer de nos personnes suivant nos facultés et nos moyens. C'est un aboutissant de notre histoire sociale sur laquelle aucune reprise ne me paraît possible.

Mais depuis plus de cent vingt-cinq ans que nous vivons à l'abri de ces Droits de l'Homme que l'Assemblée nationale a proclamés, il semble que nous sommes comme au premier jour sous la magie de l'expression et, bien plus, que par une sorte de transmission atavique, la revendication continuelle de ces droits ait fait disparaître petit à petit à nos yeux le sentiment des devoirs qui en est le corollaire et que pourtant la Déclaration n'a pas oubliés. Il importe cependant que les deux sentiments marchent de pair, si nous ne voulons pas que cet oubli conduise à cette méfiance réciproque dont la diminution de puissance, quand ce n'est pas l'impuissance complète, est le résultat fatal. Nulle part plus qu'à l'atelier l'association des droits et des devoirs n'est nécessaire, et c'est à l'État éducateur qu'il appartient de pénétrer de cet esprit tous ceux qui, à tous les titres, sont appelés à y travailler.

Aussi je n'aperçois pas l'organisation de l'enseignement technique à tous les degrés que je définissais et que je réclamais dans mes conférences de l'an dernier, sans la création, à côté de cet enseignement proprement dit, de quelques leçons de déontologie analogues à celles qui accompagnent les études médicales où l'on mettrait en relief, pour chacun, le rôle moral qui appartient à sa condition et le pénétrerait de la fonction qu'il doit remplir en rapport avec celle de ses collaborateurs, égaux, inférieurs ou supérieurs.

Aux supérieurs, patrons et directeurs futurs, on rappellerait que nul n'est digne de commander s'il n'a pas le respect de la personne humaine, s'il n'est pas convaincu que l'inférieur qu'il emploie doit avoir une part exacte dans la prospérité qu'il contribue à créer, et qu'il y a dans tous les cas un salaire minimum correspondant au degré de civilisation de notre époque et audessous duquel il n'y a que souffrance physique et dégradation pour la société.

Aux inférieurs, on enseignerait qu'il n'y a pas de progrès possible sans discipline, qu'il n'y a pas de discipline sans hiérarchie, et que s'ils ont le droit légitime de discuter leur travail, c'est à la condition de répondre à la justice qui leur est accordée par un rendement en rapport avec le salaire qu'on leur octroie et qui, en relevant la situation de l'entreprise à laquelle ils sont attachés, ne peut qu'entraîner réciproquement l'amélioration de leur sort par l'augmentation de la richesse générale du pays. (*Applaudissements.*)

A tous, après avoir exalté la beauté du travail, montré la nécessité d'une hygiène, seule génératrice d'énergie physique et morale, on rappellerait enfin que le meilleur des organismes est celui où l'individu peut sans contrainte faire usage des facultés diverses qu'il a reçues en partage et trouver la récompense de ses services, sans oublier cependant l'aide qu'il reçoit de la collectivité, à la prospérité de laquelle il doit, en retour, savoir faire les sacrifices nécessaires.

Cet enseignement moral, en pénétrant chacun de la dignité de sa fonction, créerait cette confiance réciproque et cette solidarité sans lesquelles toute œuvre d'ensemble est d'avance vouée à l'insuccès. L'homme, à quelque classe qu'il appartienne, a besoin qu'on le ramène de temps en temps en face des réalités de la vie et qu'on l'arrache, en faisant appel à sa raison, au mirage des formules vagues, à la chanson desquelles il berce des illusions, hélas ! sans lendemain.

Faute de pouvoir s'expliquer et se comprendre sur un terrain que l'éducation n'avait pas préparé, c'est le heurt de ces formules contradictoires qui a amené hier, d'une classe à l'autre, des conflits qu'il faut éviter pour demain si nous voulons réparer les désastres de toute nature que la guerre va laisser derrière elle et reprendre notre place sous le soleil des nations libérées du cauchemar allemand. (*Applaudissements.*)

Et qu'on ne vienne pas me dire que cela est impossible. La guerre, avec son cortège de maux, nous a apporté aussi le bienfait de l'appel à la raison auquel je viens de faire allusion. Elle a rapproché toutes les classes de la société, toutes les opinions politiques et toutes les confessions philosophiques, sur le front comme à l'arrière, pour les ployer à cette discipline consentie d'où jaillissent ces efforts continus qui assurent peu à peu le salut de la patrie. Et l'on voudrait douter que cette union soit sans lendemain! Pour ma part, je ne veux pas arrêter un seul instant mon esprit devant cette désillusion. A la veille de la guerre, cette fusion aussi semblait inadmissible aux plus perspicaces. Il me semble impossible que cette confiance qui, dans la peine, nous a tous rapprochés, qui nous a appris à mieux nous connaître les uns les autres, disparaisse quand l'honneur qui rejaillira sur le drapeau nous commandera l'effort de régénération qui doit suivre la victoire. Je pense au contraire que les fautes du passé nous seront suffisamment présentes à l'esprit pour que nous comprenions que les sacrifices terribles que nous avons faits seraient frappés d'une irrémédiable stérilité si tous, à l'abri d'institutions qui ont au moins l'avantage de pouvoir être améliorées sans révolution, nous n'aidions la France à reconquérir sa prospérité et à reprendre le cours de sa glorieuse histoire. (*Applaudissements.*)

Pour atteindre ce but, ainsi que je le disais en terminant l'année dernière, il faudra créer de la richesse et pour cela développer nos industries, en particulier nos industries chimiques qui, par les produits qu'elles fournissent pour les transformations diverses, sont la base de toutes les autres. Je vous ai dit dans quel esprit ce développement devra être poursuivi. Mais je ne serais pas complet si, après avoir insisté sur des points de vue plus particuliers, je n'attirais encore votre attention sur quelques faits d'ordre plus général.

En Allemagne, l'application de la méthode scientifique a eu sans cesse pour effet d'abaisser les prix de revient et d'aider ainsi à l'expansion commerciale par une concurrence rendue plus facile. En France, il est bon de le dire, ce n'est pas toujours cette méthode qui a été généralement appliquée, en particulier par les grandes sociétés qui préparent les matières premières les plus indispensables. Celles-ci, envisageant avant tout leur supériorité commerciale personnelle, n'ont fait aucun effort pour livrer ces matières premières à des prix raisonnables et elles ont ainsi apporté un nouvel obstacle, complété par l'injuste application du décret de 1810, à la création d'industries secondaires dont le défaut nous fait aujourd'hui saisir toute l'importance. Ces sociétés n'ont pas compris qu'en agissant ainsi elles allaient à l'encontre de leurs intérêts, en empêchant la réalisation de cet ensemble de fabrications chimiques dans lesquelles elles auraient trouvé des débouchés importants et par suite des bénéfices aussi considérables. Du même coup, les intérêts généraux de la nation, par la gêne apportée aux initiatives, se sont trouvés lésés et la guerre, à ce sujet, nous a permis de mesurer la répercussion de cette erreur. Il faut espérer que celle-ci ne se renouvellera pas.

J'ai appelé, l'année dernière, votre attention sur la nécessité de modifier le décret de 1810 qui régit la création des établissements classés et sur l'intérêt qu'il y a dans tous les cas à voir les administrateurs qui agissent au nom de l'État interpréter loyalement ce décret en se basant uniquement sur les faits de la cause et non sur des affirmations qui masquent le plus souvent des intérêts égoïstes concurrents. « Il faut, comme le dit encore excellemment M. Hauser, que je citais tout à l'heure, que nous envisagions la concurrence sous son aspect mondial et non plus d'individu à individu, de maison à maison, comme nous l'avons fait jusqu'ici. »

La rénovation de nos industries chimiques ne peut se faire que par une juste répartition des efforts et par cette unité si bien comprise par les Allemands qui a favorisé à la fois le commerce extérieur et le commerce intérieur.

Si cette méthode ne prévaut pas, si, encore une fois, les intérêts d'un petit nombre priment les intérêts de la collectivité, aucun effort ne sera possible et nous serons de nouveau et dans peu d'années dans la situation où l'état de guerre nous a trouvés, c'est-à-dire, pour les mêmes produits, à la merci de l'importation étrangère.

Ceci m'amène à vous faire remarquer que si nous voulons éviter ce retour amer, il faut nous hâter et envisager dès maintenant la résolution des problèmes posés devant nos yeux. On ne prend pas assez garde, en effet, que les hostilités qui se poursuivent, en isolant du marché des produits chimiques allemands les grandes nations européennes et l'Amérique elle-même, ont fait aussi apparaître à leurs yeux les vices de leur organisation et ont posé devant elles les questions sur lesquelles nous sommes appelés nous-mêmes à réfléchir. Toutes étudient la solution que leurs moyens propres permettent de leur donner. N'attendons donc pas trop longtemps avant de nous décider, sans quoi nous arriverons quand les places seront prises et quand il sera déjà trop tard pour bénéficier, chez nous comme au dehors, des bienfaits économiques du traité que doit nous assurer la victoire que nous poursuivons avec tant d'anxiété et d'énergie.

Mesdames et Messieurs, j'ai fini. Dans cette dernière série de conférences, j'ai complété par des vues spéciales celles de l'année dernière où j'avais mis en rapport des faits d'ordre plus général. J'espère avoir réussi, sans la pousser encore plus loin dans le détail, à vous tracer la situation industrielle exacte que nous devons nous attacher à relever dès maintenant si nous ne voulons pas retomber, un jour ou l'autre, sous le joug de l'étranger. Dans son ensemble, le portrait que j'ai dessiné ainsi devant vous n'est pas flatté. Il y a bien des façons d'aimer et de servir son pays. Pour l'homme de science il ne peut y en avoir qu'une seule, celle de tirer des faits de l'expérience la vérité qui en découle et qui, si dure qu'elle soit à entendre, est seule capable de faire toucher du doigt le péril et d'exciter les énergies propres à le conjurer.

Je n'ignore pas qu'on peut faire état en France de progrès sérieux accomplis dans certaines industries et qui éclairent heureusement le tableau plutôt sombre que je vous ai tracé. Il n'est malheureusement pas difficile de montrer que, pour réels qu'ils soient, ces progrès sont infimes à côté de ceux qui nous restent à faire si nous voulons établir en France, particulièrement, une industrie chimique digne de notre génie inventif, nécessaire aux besoins de toutes nos autres fabrications et, par conséquent, auxiliaire puissante de la prospérité nationale.

Dans le domaine moral, notre réputation est assurée. Il y a quelques jours, un journal américain la résumait comme suit :

« Les volontaires étrangers qui se battent pour la France ! Quelle phrase étrange et comme elle revient souvent dans les dépêches de la guerre ! Jamais on n'a parlé des volontaires qui se battent pour la Grande-Bretagne, pour la Russie, pour l'Allemagne, pour l'Autriche ; aucun de ces pays ne peut s'enorgueillir d'une légion étrangère. C'est toujours pour la France que les étrangers combattent. Pourquoi ? Il n'y a qu'une seule réponse : Parce que c'est la France. Il y a quelque chose dans la France qui en impose à l'imagination du monde et l'émeut. De toutes les nations, la France est la seule qui n'ait pas besoin d'arguments, d'affirmations, de preuves pour faire impression sur l'étranger. Il lui suffit d'exister. A travers les espaces du monde tant peuplés que déserts, flotte, comme trace de sa longue histoire, un vague parfum de roman, une suggestion délicate de grâce facile, de courtoisie et de politesse, pâle vision de beauté dans la forme et le langage, écho affaibli de rires légers, tonnerre lointain de la Déclaration des Droits de l'Homme. »

Mesdames et Messieurs, cette renommée s'exalte encore en ce moment par l'héroïsme que déploient nos enfants pour la défense d'une cause qui est celle de toutes les nations, héroïsme présent qui se joint à celui du passé et nous vaut le grand honneur d'être, parmi les Alliés, considérés par l'Empereur allemand comme son principal ennemi.

Mais les nations comme les individus ne vivent pas seulement d'idéalisme. Par les sacrifices qu'elle nous coûte chaque jour, cette guerre nous rappelle à la réalité, et celle-ci, en nous montrant l'abîme que nous venons de côtoyer, nous indique que la marche à l'étoile que la France ne doit pas cesser de poursuivre sera d'autant mieux assurée que le sol sera plus solide sous ses pieds.

Cette vérité doit dès maintenant rester toujours présente à nos yeux. Elle nous commande impérieusement de mettre en valeur toutes nos forces, toutes nos ressources, et pour cela de remplacer la méthode de désordre et d'indiscipline par celle qui consiste à se fier seulement au contrôle rigoureux des vérités acquises et à mettre chacun à la place qui convient à sa spécialité. Cela, nous le devons non seulement à la mémoire de toutes ces glorieuses victimes qui, en assurant notre victoire, auront assuré en même temps le sort de ceux qui vivront, mais aussi à nos ancêtres qui ont fait leur part de notre grande histoire et à nous-mêmes, si nous voulons que demain comme hier la France continue à vivre pour le bien de l'humanité. (*Applaudissements vifs et prolongés.*)

NANCY, IMPRIMERIE BERGER-LEVRAULT — AOUT 1916

LIBRAIRIE MILITAIRE BERGER-LEVRAULT

PARIS, 5-7, rue des Beaux-Arts — rue des Glacis, 18, NANCY

LA GUERRE — LES RÉCITS DES TÉMOINS

Charleroi. *Notes et impressions,* par FLEURY-LAMURE, correspondant de guerre français du *Times* en Belgique. Préface de Gérald CAMPBELL, correspondant spécial du *Times.* 16e édition. 1916. Volume in-8, avec portrait, 2 fac-similés et 5 cartes. . . . . 1 fr. 50

Feuilles de route d'un Ambulancier. *Alsace, Vosges, Marne, Aisne, Artois, Belgique,* par Charles LELEUX, avocat à la Cour d'appel de Paris. Complétées d'après le Carnet de route du Dr Henri LIÉGARD, chef de clinique aux Quinze-Vingts. Préface de M. René DOUMIC, de l'Académie Française. 6e édition. 1915. Volume in-8, avec 13 illustrations hors texte . . 1 fr. 50

Avec les Français en France et en Flandre. *Impressions vécues d'un aumônier attaché à une ambulance de campagne,* par OWEN SPENCER WATKINS, aumônier aux armées anglaises. Traduit de l'anglais par Henri et Jeanne DUPRÉ. 6e édition. 1915. Volume in-8, avec portrait et 7 planches hors texte . . . . 2 fr.

Six Semaines à la Guerre. *Bruxelles, Namur, Maubeuge,* par la duchesse DE SUTHERLAND. 6e édition. 1915. Volume in-8, avec 9 planches hors texte, 2 fac-similés et 1 carte . . . . 1 fr. 50

La Victoire de Lorraine. *Carnet d'un Officier de Dragons.* 16e édition. 1915. Volume in-8, avec 6 illustrations et 1 carte, broché . . . . 1 fr. 25

Carnet de route d'un Officier d'Alpins. 1re série : *Août-septembre 1914. En Lorraine. La bataille de la Marne.* 10e édition. 1916. Volume in-8, avec 6 gravures et 1 carte hors texte, broché. . . . . 1 fr. 50

— 2e série : *Octobre à décembre 1914. En Argonne. Sur l'Yser. En Artois.* 1916. Volume in-8, avec 3 gravures et 3 cartes hors texte. . . . 1 fr. 50

Les Parisiens pendant l'état de siège, par Raymond SÉRIS et Jean AUBRY. Préface de Maurice BARRÈS, de l'Académie Française. 1915. Beau volume in-8 écu, avec 43 illustrations inédites, couverture artistique, broché . . 3 fr. 50

Parmi les Ruines (*De la Marne au Grand Couronné*), par Gomez CARRILLO. Traduit de l'espagnol par J.-N. CHAMPEAUX. 4e mille. 1915. Volume in-12 de 387 pages, broché . . . . 3 fr. 50

Le Sourire sous la Mitraille. *De la Picardie aux Vosges,* par E. Gomez CARRILLO. Traduction de Gabriel LEDOS, revue par l'auteur. 1916. Volume in-12 . . . . 3 fr. 50

La Croix des Carmes. *Documents sur les combattants du bois Le Prêtre,* par Jean VARIOT. 1916. Volume in-16 jésus, avec 5 dessins de l'auteur. 2 fr.

Sur le Front russe, par Stanley WASHBURN, correspondant de guerre du *Times* près les armées russes. Traduit de l'anglais par Paul RENEAUME. 1916. Volume in-8 de 160 pages, avec 25 photographies hors texte de George H. MEWES . . . . 3 fr. 50

Une Visite à l'Armée anglaise, par Maurice BARRÈS, de l'Académie Française. 1915. Volume in-16 jésus de 120 pages . . . . 1 fr. 25

La France en guerre, par Rudyard KIPLING. Traduit de l'anglais par Claude et Joël RITT. 1915. Volume in-16 jésus, avec 2 photographies. 1 fr. 25

Carnets de Route de Combattants allemands. Traduction intégrale, introduction et notes par Jacques DE DAMPIERRE, archiviste-paléographe. — I. *Un Officier saxon — Un Sous-Officier posnanien — Un Réserviste saxon.* (Publication autorisée par le ministère de la Guerre.) 1916. Volume in-12, avec 16 illustrations et fac-similés d'écriture . . . . 3 fr. 50

L'Épopée serbe. *L'Agonie d'un peuple,* par Henry BARBY, correspondant du *Journal.* 1916. Vol. in-12, avec 20 illustrations hors texte et 1 carte. 3 fr. 50

Carnet de route d'un Soldat allemand. Avant-propos de Frank PUAUX. 1915. Volume in-12. . . . . 60 c.

NANCY, IMPRIMERIE BERGER-LEVRAULT

www.ingramcontent.com/pod-product-compliance
Ingram Content Group UK Ltd.
Pitfield, Milton Keynes, MK11 3LW, UK
UKHW022105190726
13855UKWH00002B/657

9 782013 412469